李义天　张远航◎主编

中国近代伦理学文献丛刊

第三部分·第六册

CCTP
中央编译出版社
Central Compilation & Translation Press

出版说明

中国近代伦理学文献丛刊共计收录中国近现代伦理学文献三十二种，分作四辑，每辑所收文献按当时出版时序排列。本次整理，皆按底本影印，以存文献版本旧貌。底本原文或有舛错，本次整理未予订正，如伦理学（斯宾挪莎著，伍光建译）第一册第十一题目录作『神或本质原为无限属性所备造而成者而每一个属性则是发表永恒及无限然则神或本质要素者是必然有者』，但正文却为『神或本质原为无限属性所备造而成者而每一个属性则是发表永恒及无限然不神或本质要素者是必然有者』，虽神与不神仅一字之差，但意迥然不同；又如日本元良勇次郎著伦理学第二十四章目录作『纳税兵役之义务』，而正文却为『国家伦理　纳税与兵役之义务』，差异明显。此外，底本皆为繁体中文，本次整理，唯前言、目录及书眉等整理文字，为适宜今人阅读，皆作简体中文。特此说明。

前言

李义天

中国有着悠久的伦理文化传统与伦理思想传统。自先秦、经汉唐、至明清，前人先贤围绕善恶、是非、义利、廉耻等问题展开的讨论及其形成的知识成果，为我们留下了丰厚的文化遗产与思想资源。在这个意义上，作为一门学问的伦理学，在中华学术谱系中始终存在。然而，作为一门学科的伦理学，对于中国学术来说，却是一件近代以来才发生的事情。

学问的确立可以是学者个人的成就，但学科的确立却与学术制度的转型、学术形态的自觉，以及学术背景的更替密切相关。这些方面都必须在近代中国社会的语境中得到理解。具体而言：

其一，作为一门学科的伦理学，奠基于近代教育制度和教育体系的发展。正是在近代教育制度和教育体系（尤其是大学教育体系）的『学科化』进程中，细密的学科划分逐渐形成，清晰的学科意识逐渐确立。由此，学者对知识的探讨，不再意味着单纯的研究，而是建制上的学科建设。对近代中国学人而言，『伦理学』概念的出现以及学科的形成，正是近代中国在文明碰撞之间吸纳、改造近代教育体系及其学术制度的现实产物。

其二，作为一门学科的伦理学，不仅需要具备专门的研究题材与研究方法，更要有针对这些题材与方法的自觉总结和反思。因此，仅仅探讨有关善恶的问题、论证关乎善恶的要求，或许能够形成伦理学学问的主要框架，但不足以构成伦理学学科的完整内容。作为学科的伦理学，还必须在探讨和论证具体命题的基础上，对其背后的理由与方法加以提炼与批判。要做到这一点，则必须梳理、评析已有的观点与路径。在这个意义上，近代中国学人对伦理学方法论和伦理学思想史的研究自觉，乃是这门学科在近代中国初步成型的必要条件。

其三，作为一门学科的伦理学，无论是涉及教育体系与知识门类的『学科化』，还是涉及研究方法与思想历程的『自觉化』，都必须置于中国与世界交往的近代语境中来理解。在『作为学问的伦理学』向『作为学科的伦理学』的转变过程中，近代中国学人对西方伦理史籍的大规模翻译、对当时国外学界新近文献（尤其是思想史著作）的批评性介绍，以及他们立足本土而展开的系统阐释与重构，无疑是最重要的内在动力。这些动力及其带来的转变，恰恰是在近代中国的特定历史背景下，作为一系列近代事件而发生的。

因此，要理解作为一门学科的伦理学在中国的起步与发展，就必须对近代中国伦理学的理论实践加以关注。其中，最为基础的一项工作便是对当时研究和译介的基本文献进行搜集、整理与汇编。可以说，只有做好这项工作，我们才能印证中国伦理学学科所具有的近代性质，才能描述中国传统伦理思想向现代人文学科范式的转变过程，才能理解过去一百五十年间中国伦理学发展的曲折与波动，也才能帮助我们在此基础上推进当代中国伦理学的学术研究与学科建设。作为历史资料，这些近代文献对于直面历史、正视历史并希望能从历史中汲取经验的每一位伦理学人来说，都是无法忽视和规避的。

基于上述考虑，我们从二十世纪上半叶的相关文献材料中，择取了三十余部作品，分作四辑，每辑依其出版年序加以汇编整理。根据题材类型，它们大致被分为四类：

（一）史籍类。主要包括近代中国学人对西方伦理思想若干重要文献的翻译作品。它们可以映射出，当时的中国伦理学人在面向西方伦理思想时所采取的关注视角与选择范围。

（二）史论类。主要包括当时具有一定影响的伦理思想史研究著作。就内容主题而言，其中既有关于西方伦理思想史的研究，也有关于中国伦理思想史的研究；就出版类型而言，既有中国学者的原创研究，也有对同时期外国学者的成果译介。它们可以展示出，当时的中国伦理学人所接受的伦理思想史框架及其主要线索。

（三）著述类。主要包括近代中国学人对伦理学基本问题的思考和阐发。其中不仅含有一些导论性、概论性作品，也涉及一些基于特定立场或针对特定领域的研究专著。它们可以反映出，当时的中国伦理学人对伦理学整体或其分支的基本判断和理解深度。

（四）讲稿类。主要包括当时使用的若干伦理学讲义或教材。同样地，这一部分也是既包括中国学者或教育者的作品，也包括当时翻译过来作为教材或教学资料使用的文本。它们可以体现出，当时的中国伦理学学科教育所涉及的大致范围和程度。

值得特别强调的是，作为近代中国的思想文献，其在内容和表述上不可避免地存在这样或那样的历史局限。如今看来，其中有些说法和论证并不恰当甚或错误。但是，这也恰好体现了伦理学作为一门人文学科所无法摆脱的历史性与经验性，也再次证明了唯物史观关于道德学说在根本上受制于社会发展这一判断的有效性与正确性。因此，基于对历史事实的尊重，我们最大限度地将这些文献循其原貌，汇编成册，影印出版。我们期待，当代学人不仅能够抱着历史的眼光去认真地观察和理解它们，更能抱着历史的眼光去严肃地批判与剖析它们。只有这样，当代中国的伦理学研究才更可能去粗取精、去伪存真，也才更可能自成一体，贯通古今，奔向未来。

壬寅春于清华园

倫理學

Cum Permissu Superiorum.

導言

人需要認識「真」，更需要實踐「善」，學術知識與人生的關係，遠不如道德與人生關係的密切：道德是超越實利的，牠不僅是知識，同時又是應盡的義務。

所以誰也不能漠視倫理學，任何人也必然的要提出關於道德的問題，並渴望着獲得解答，笛卡兒說：「人生的行爲多是刻不容緩的」；如果不肯積極的去解決，那就會不合理的消極的去解決。如果不肯去行善，那就等於甘願去作惡！譬如：我看見一個人，失足溺水，能救而不立刻去救，那就等於決意叫他淹死，善行是應該當機立斷的，就是死後的命運；也應該在死前預備，對於這事，可以根據巴斯卡的話！「應該賭誓；這賭誓不賭誓不是隨便的，因爲你已經上了船」。

（註）笛卡兒 René Descartes, 1596—1650 法國哲學家和數學家，他的學說，主張從懷疑入手去研究一切。但是有兩件事是不可懷疑的：一是自己的存在，一是天主的存在，他的主要著作是思想的方法論（商務 28214·1）。

巴斯卡 Blaise Pascal 1623—1662 法國數學家兼思想家。主張以信仰爲一切知識的基礎，又爲一切行爲的基礎。他的主要著作，在他死時還沒有完成，後來他的遺稿由後人刊行，稱爲思想

道德是人類最主要的特徵，也是人類特有的本能。由於這種天賦，就是最微賤的人，在心裡所有的行善的衝動，也能是極強烈的。由於這種天賦，任何沒有完全喪失良心的，或良心變壞的人，犯了過錯以後，總要感到不平安。所以由於這種天賦，人人都具有維護弱小，懲制強暴的心。總之，我們對人，對事，不論是屬於藝術的，是屬於政治的，是屬於教育的，或是屬於任何人生範圍的，總要以道德的標準去判斷他們。

第一節 論理學的對象

第一段 倫理的定義

倫理學所討論，所研究的，就是下面的問題：道德情感的來源是什麼？道德的

評判有什麼價值？人是否應有歸宿？這歸宿又是什麼？本此，我們可以給倫理學下個這樣的定義：倫理學是用道德理想的觀點，來研究人類行爲的一種科學。也可以給它下個這樣的定義：倫理學是研究人類行爲善惡的科學；是研究人類意志作用的科學；是討論人類風俗習慣的科學。所以有這三個條件，是因爲道德是意志作用的規律，而風俗習慣是適應道德律的意志作用。

在道德上，理智和情感雖有重要的任務，但良心和意志却佔首要的地位，因爲用這兩項，才能確定行爲者的道德價值；至於確定行爲本身的價值，又要根據合理的理想。

倫理學是規範的科學，又是有意的實行。所以倫理學與自然科學是有區別的。研究倫理學的人，不是遷就自然，而是駕御自然，判斷自然，霸恩卡累說：「倫理學和其他科學一樣，各有其固有的領域；絕不能有實驗科學的倫理學，一個三段論法的大小前題，若皆適用直陳狀，他的結論一定也是直陳狀」，可是倫理學的結論是用命令狀；所以絕不能與實驗科學混爲一談。

(註)鞠恩卡累 Henri Poincare, 1852—1912 法國數學家，數理物理家和科學評判家，他的哲學是本着哲學的批評眼光，去考察科學認識的本質，依據獨特方法，闡明科學所依據的「基礎」，「方法」和「界限」，對認識論或方法論，有極大貢獻。他的主要著作有下列三本：科學與假設，科學與方法，科學的價值。

第二段 倫理學的分類

1 理論的倫理學 確定自由行動的終向，制定應該遵從的道德律，及對於道德普遍的條件，一一加以分析。

2 實踐的倫理學 注重在各種生活的環境中，所應盡的義務。

理論的倫理學是「科學」，實踐的倫理學是「技術」。理論對於實踐是很重要的：實踐的規律，不過是一般道德律的實用，所以人人都得多少認識這一般的道德律。理論也不能離開實踐，因爲「善」根本是由體驗而認識的，人要打算澈底的去認識

「善」，唯有甘心情願的去實踐。

第三段　科學觀的倫理學

倫理學認識的模型，和其他各種科學認識的模型，是迴然不同的。假若我們都用論理的，抽象的，嚴格的看法去估計，倫理學便成了科學中最低微的一門。但是我們若從價值的判斷(註)下手，自然就覺得別有天地了；因爲關於宇宙中的一切現象，由一般實驗科學所得到的認識，都不過是知識的影子，倫理學所供給我們的，才是光明的實際。從價值的觀點看來，我們要轉變我們對於科學所有的高低的觀念，將倫理學放在一切科學的最高峯。就是對於其他各種科學，也要看它們與倫理學接近的程度，判斷它們價值的高低。僅就科學的本身說來，它不過是工具；或好或壞，在運用上，才能區別；至於它的內容，是無關輕重的。

其實，什麼是物理數學所獻給我們的，科學的確實性呢？這種，靠証明或圖解式的試驗，所得到的確實性，僅是抽象的確實性；完全限於理智的範圍。紐曼曾說過，這種確實性，僅是有關各種事物相互的關係，不是有關事物的本身。(註)它拿標記或牌號代替事實。就是說它的精確，是表面的，不是實在的：術學基於數條不

(註)詹姆士(William James, 1842—1910.)在宗教經驗的類別一書內，把存在的判斷和價值的判斷，截然分明。但他主張，在宗教和道德範圍內，我們能夠不管價值，去下純粹存在的判斷；這才是眞正科學的方法。這種主義叫作詹姆士的實用主義。詹姆士的理論，我們是不能承認的，因爲我們以爲，人若願意在道德的範圍內，去下存在的判斷，先應該承認，道德的原則是有價值的。這樣價值的判斷眞是倫理學所專用的。

(註)紐曼(Newman, 1801—1890)英國公教神學家，最初處於英國的國教會，1833年在牛津與 Koeble 和 Froude 爲朋友，受了教會思想的感化，共同發起牛津運動。他特別研究了初代教會的精神和組織，在 1845 年轉入公教會。1879 年教皇良第十三世，任他爲書記官。紐曼的著作都依着高壓的思想，特別是 "Essay on the Developement of Christian Doctrine" 和 Grammer of Assent

能証明的公準；物理學所依據的，是大自然中有秩序的一種信仰，這秩序的存在，

是不能証實的假設。

可見它就是科學的確實性，也可引導我們明瞭另一種確實性，就是精神的確實性。這種精神的確實性，仍然是任何科學確實性的基礎。它雖然也是屬於理智的作用，可是它根本是整個理性直覺的結果。這理性的直覺，是一種平靜無私的良能，使人獲得具體的認識，並透入事物的內部，由同情直接抓住它們的本質。這都是單獨的理智所辦不到的。

在理智的心目中，精神的確實性，原來不過是一種蓋然性，可是關於物理的知識，能說是脫離了蓋然性的範圍麽？當然不能！一般物理的知識，既然也不過是蓋然的，還是倫理學所有的確實性，比較有價值。整個的物理學，是基於唯一的蓋然的假設；我們若把一切道德的，宗教的事實，和觀念單獨拿來，雖然它們一個一個的不是像三段論法的結論，或算學推理的結論，那樣嚴格；然而我們若把它們都聚在一起，便可以看出它們都往一個方向集中。那麽在倫理學上有一種蓋然性的集中，一種集聚的蓋然性。它充分地滿足整個理性，就是理智，意志和心的一切要求。它能顯示給我們事實的本體。精神的確實性，所以能認識到事物的本體，是因爲它把它們一一見諸實行。

故此，倫理學究竟是一種實踐的科學。我們若願意認識「善」，必先實現它。不但「善」的認識是實現的結果，就是「眞」的認識也是這樣的。我們想擴展物理學的認識，不但要研究學理，更要在試驗室內去實現我們的認識。

實現是認識實際的試金石。既然「善」比「眞」更爲實際，所以實現「善」比實現「眞」更爲需要。因此誰要打算澈底認識善，非去行善不可。紐曼說：「我們要打算明瞭爲國家而死是最好不過的」，「Dulce et decorum est, pro patria mori.」——這句成語的意義，有兩個途徑：

一是純粹抽象的途徑。這是倫理學家和詩人所走的途徑。就是詩人，也非自己抱有強烈的膽量，情願決意爲國家去犧牲性命，也不能澈底的明瞭和描寫烈士英雄的偉功。

一是自己去走的途徑。例如精忠報國的岳飛和歐洲的威廉泰爾和一般在戰時爲國捐軀的英烈。他們不但以認識這句話爲滿足，且與它實際的表示同情。他們自己有爲國家而死的決心，所以他們才完全的澈底明瞭了這話的意義。

第四段　倫理學的功用

道德本來是一種實現，但這實現有兩個必須的條件：一是應當認識應作的有關於道德的行爲；一是應當認識現在和過去的道德習俗。

1. 在人一生的歷程中，蒙蔽義務觀念的原因很多：如私欲偏情，旁人的引誘等；所以我們要有道德的目標，對於我們的任務，要有清楚的認識和足以引導我們的準則才行。倫理學能指給我們這應當表現的道德理想的目標，叫我們的行為得到秩序和統一。這樣我們的生活才有意義，我們的人格才能得到美滿的發展。

有人辯別說：赤裸的倫理學不能建設人的道德，所以是無用的。巴斯加有這麽一句話：「真正的倫理識笑倫理學；良心的倫理學識笑理智的倫理學；良心的倫理是沒有規律的。」這些話的意思是，有道德的人，並不一定是對自己的義務，有更精確認識的人，而是在行爲上，常依隨良心的指示的。這意思當然不錯：愚人也能修德行善，富有學識的人，也能在行爲上，違背他所深知的規律。然而倫理學並不因此就無用了；它能協助人抵抗自己的情慾和偏見，不受旁人的愚弄。倫理學不僅能提高個人的道德標準，而且在促進羣衆的道德上，它是絕對不可缺少的。

2.另一方面，我們認識了歷史和社會科學，認清了已往的和現在的習俗，由此也能得到珍貴的偉大的教訓。人若願意在他所處的社會裏，有精確的生活規律，認清自己對旁人的義務，非要相當的認識經濟學和社會學不可，特別是歷史學，可以供給我們良好的教訓：它告訴我們，倫理知識的進展，需要打破人類的許多偏見，和我們怎樣去打破人類現在還有着的許多偏見。歷史還告訴我們，古來最悲慘的時代，常是道德動搖或被人輕視的時代：一個民族若忘掉了道德的原則，只知追求情欲的滿足和物質的享受，絕對不會強大的。羅馬帝國衰敗的原因就是這樣。史學家費來洛在他所著的羅馬的偉大和衰頹一書內，將羅馬衰敗的主因，述明如下：一是征服四方後，外來財富的增多；一是奢侈的盛行；一是家庭生活的疏懶；一是家庭人口的減少；一是風俗的敗壞等。現代中國的衰弱，不是有同樣的原因嗎？一般文人都想升官發財，不顧大衆的福利；一般武人祇知爭奪地盤，不顧民族的生存。惟有每一個中國人民，或男或女，或老或少，提高每個人的人格，使他們養成良好的習慣，以禮義廉恥爲準則，樹起高尚的道德理想和意志，堅決的去實行，才能使中國復興，走上民治的途徑。

第五段　倫理學與習俗學的關係

倫理學原來是研究並實現道德理想的科學；那麽，它若僅基於習俗的認識，那就不能成立了。近來有一派哲學士，採用古代詭辯學派的觀點和方法，來觀察事理，竟推翻了上述的原則，且否認了獨立倫理學的可能，把它完全還原於習俗學。

古代的懷疑派曾經宣佈過，一切道德的規律，都是和人的習俗相對的。杜爾克亨和萊味勃魯爾在倫理學與習俗學一書內，根據道德律連續的變更，主張沒有什麽絕對的道德標準，只有和每個社會相對的道德規律。他們以倫理學爲習俗學；這種科學，在晚近才開始，並有了積極的發展，彷彿衛生學一樣。——道德既是相對的，那麼我們在良心內所有的道德觀念，爲什麼有絕對的性質呢？爲什麼人人都覺得，自己有嚴格應盡的義務呢？他們回答說：這是因爲我們不知道這些觀念的來源；我們若認識歷史的話，便能知道：世間只有演變的不同的道德；每一種道德都是和當時的社會情形相對的。道德律的命令能力，是從社會所發的一種廣佈的制裁而來的。這種制裁是個人所處的社會，加於每種指定的行爲上的，它含有一種懲罰的特點，來強制衆人。這種強制的反應，在各人良心方面，發生責任的情感，而這種責務的情感，由團體的習慣傳授下去，在各人心中成爲一種顧忌(Scrupule)。在制裁已去不復來的時候，這種顧忌依然存留着。既然一切制裁，都是隸屬於社會的，所以「真正」的倫理學或習俗學，不過是社會學的一支罷了，沒有什麼獨立的可能。

（註）杜爾克亨（Durkheim, 1858-1917）法國新社會學派鼻祖。他的主要著作如下：L'année sociologique，社會方法論（商務三百零一）社會分工論（商務三百零一）自殺。萊味勃魯爾（Lévi Bruhl, 1857）法國新社會學派主要代表。他的主要著作如下，孔德的哲學，倫理學與習俗學，低等社會的精神作用，原始的精神。

（批評）這樣的理論，雖然有不可否認的價值，但足以使倫理學消滅崩潰。杜爾克亨說：「道德的實際，在乎一種特殊能力的綜合。這些倫理的能力，與自然界中別的能力一樣，都是天然的事實，沒有什麼好壞善惡的區別，都是一樣合理的。」這正是古代羅馬希臘倫理的公準：凡是天然的，都是合理的！我們尊敬我們的老父母，他們去世以後，要殯葬他們；非洲中部的野人，却把年老的父母弄死吃了：這算是兩種倫理的事實；在它們之間，沒有什麽善惡價值的區別。

關於這種學說，我們要依次檢討以下三點：一是這理論所根據的事實，一是這些事實的解釋，一是這解釋所用的公準。

1. 道德的實質，在一定的界限內，是能變更的；這是沒有疑義的。

a. 它因時代而變更　福音上說：「你要愛你的近人，如同愛你自己一樣」，又說：「你願意別人待你怎麽樣，你先待別人怎麽樣。」中古時代的人，把這兩條規律，當作博愛的誡命；當時的公教，也根據這些原則，不許可人放款取利。（見 Ashley 中古經濟的理論。）現在的人將愛人如己的誡命，已經視爲正義的誡命了。另一方面，新的經濟情形，把放款取利一事，合法化，且變爲必須的事情了。但是愛人如己的原則，依然存在着。

b. 道德的實質，按照各人良心的精鍊程度而變更　某件行爲，在野蠻人的心目中，是沒有關係的小事，但在較進化人的心目中，却能成爲真正的罪過。同時有些行爲，在道德未發達的人，視爲不必作的，而在良心銳敏的人，却稱它們爲應盡的職責，這種區別，是從何而來的呢？它是從道德的進步而來的：在人類的過程中，實際的有了認識善和去實行善的進步。社會學派，無論是怎樣的否認這種進步，在我們看來，這種進步，還是極顯明的事實。

另一方面，應該把道德規律的本體，和應用道德規律的方式，截然分明。應用道德規律的方式，常是隨着時地變更的。道德規律的本體，雖然也是和社會的情形相對的，但遠不及社會學派所主張的那樣普遍。就是有幾條道德的規律，是在任何時代，任何社會中，都找得到的，譬如：尊敬父母，敬禮死者等。福斯德爾曾指明這敬禮，在古代一切家庭和社會制度中，是最原始的道德的職務。同樣，對神的敬禮，據社會學家的研究，在一切的民族中，都是絕對普遍的道德義務。一切民族，對於神都感到自己有應盡的義務，不論是一神或多神；他們都信認，神能發號施令，並要求人的祭禮和禱告。

(註)富斯德爾(Fustel de Coulanges, 1830-1889)法國博物學家兼史學家，著有古城及法國古代政治制度史，頗負盛名。

2. 道德的形式　道德的實質，雖然變更，但它的形式是普遍的；這形式就是責務。吃掉老父的野人，是按照一定的儀式去作；那麼他以爲這是自己應盡的義務，是他孝敬父母的方式。

杜爾克亨反對說：若是我認識了義務的來源，在我的心目中，就沒有節制我的價值了，這種推理是不對的。在糞土中生長的梅花，仍然是梅花。絕對不可將花的根苗和開花的情形混爲一事。

另一方面，責務加於我的節制，並不是社會強制的結果。強制是外來的壓迫。責務容許我自由。就是強制至多能解釋一般消極的正義的義務，它總不能解釋博愛的積極的義務。強制又把個人的道德一律抹殺，把它當作一種奢侈品或裝飾品。這樣杜爾克亨所成立的學說，完全誤解了對己的責務，在個人良心中所有的嚴格應盡的性質；也誤解了，對己的義務，在社會生活所有的影響。如果社會中的各分子，都沒有什麽至善的理想，那末整個的社會，還能有什麽價值呢？

這種學說也誤解了意向和善意的道德關係。這種關係，在我們看來，是最嚴重的。如果有人主張，用大公無私的精神所作的行爲，跟顧及利益，或受強迫而作的行爲，都有相同的道德價值，我的良心一定要反對，不能符合這種說法。

最後，這種學說誤解了權威在道德方面的支持。這些學者主張，強制能使我們獲得行善的習慣；可是這行善的習慣，往往和人的偏情相反；若沒有一種信仰的協助，行善的習慣，怎能常久的抵抗本能的強力的移動呢？責務心不是社會的強制所能造成的；強制只能激動和發展它。社會學派未曾分清這重要的區別，是因爲他們沒有看清了權威在道德上究竟有什麽關係。任何權威，無論是家長的或會長的，在道德上是極重要的，因爲人的意志時常受本能的蒙蔽；在孩童時期，良心也需要道德的訓練。可是權威不會創造道德的觀念，它僅能作它的代表。正當的權威者代表善。因此才能命令並領導別人。起初權威者要用強力或表面的制裁逼迫人行善；但同時訓練自己去行善，因爲它是善。及至良心已經發展了以後，人就要因着善所本有的價值去接受它，並拿它來判斷握有權威的人。

3. 杜爾克亨學說的公準　我們在這學說中所發見的一切詭辯，都是導源於他**最初的公準**，就是：**凡是自然的都是合理的**。——我們答說：凡是自然的，都有解釋它的理由，這到是不錯。但**凡是自然的並不因此都具有同樣的善惡價值**。我們主張且肯定奉養老父母是好的習慣；弃死父母是不好的習慣。學者無論怎樣反對，我們是不能不繼續肯定這區別；它是我們良心的直接顯明的啓示，是絕對不能懷疑的。——我們當然不能給不懂道德的人，證明道德的存在，正如同不能給瞎子證明顏色的存在一樣。那些「不懂」道德的人，先把倫理學還原於先立的科學，這是一般自然的科學。不注意到各樣事實不同性質的人，遇到新的還不明了的事實，是往往這樣作的。對於近代各色的社會學派，我們可以借用伯拉圖向他的詭辯弟子所說的這句話：「你具有看見物質的眼睛，却沒有看見精神事實的眼睛」。

（註）柏拉圖（Plato, 427-347. B.C.）希臘著名的哲學家，是蘇格拉底的弟子，亞里斯多德的老師。學問深遠賅博，思想宏妙幽玄，性行高尙純潔，在其所著之名著對話篇內，闡明蘇格拉底的學說。（商務一百八十），其哲學思想，爲理想主義的最高峰，經過聖奧斯定的發展，對予公敎思想發生了極大的影響。

結論

倫理學根本是評判行爲善惡價值的科學，不僅是習俗學。人要願意明了它，必有真正的機敏力，一種超越，巴斯加稱之爲「幾何學的」，精神（esprit géométrique）甚至超越他稱之爲「銳敏精神」（esprit de finesse）的新的精神；巴斯加將這種精神歸屬於「愛的境界」中（ordre de la charité），道德標準的高超是不可否認的。我們一旦認清了善，就不能不把行善看作應盡的義務，並且要拿它去評判一切。一件善行，在理論或實際各方面，所具有的價值，遠遠超越好多的在道德方面兩可的行爲的價值。特別是在道德上，終點解釋開端，高者解釋低者；這是因爲「善」有獨立的價值。這裡巴斯加有一種「思想」說得很好：

「一切物體，天空，星辰，地球，和世上的某國，都不及最小的一個靈體，因爲它認識這一切，又認識自己；那些物體則都是冥頑無知的。一切物體，加上一切靈體和它們的產物，都不及最小的一件愛的活動；這愛的活動，是居於無限優越的境界中的」。

「試用世間全部的物質，去創造一個小小思想，這是不可能的，因爲思想是屬於另一境界的。從一切物體和靈體中，提出一個真正的愛的活動，也是不可能的，這又是屬於另一境界的，即是超越自然的境界」。

第二節　倫理學的方法

大自然受制於種種定律；我們認識了這些定律，才可以利用自然的能力，謀求幸福的生活。同樣在我們用良心審查自己的時候，就在自己身上，能發現一種統治我們一切的活動，却不強制我們的自由的規律。這種規律是甚麽？它有什麽性質？它是否是良心中的幻景，或者是實在的東西？——這些問題曾有過極不相同的解答。因此研究倫理學的方法，也有多種。的確，任何研究的方法，常隨着研究者對所研究的對象的意見。下面我們要討論一些主要的倫理學的方法。

第一段　倫理學的試驗法

1. 說明。為適應科學的態度，最簡單最自然的方法，似乎是試驗法了。伊璧鳩魯和琉堯利斯早已稱道於先。後來一功利派和經驗派的哲學家，由穆勒起到封特和現代的社會學派止，都採用了這種方法。

a 伊璧鳩魯說：爲了知道我們應該以什麽終向作歸宿，只須考查我們實際所追求的是什麽。經驗講給我們，任何動物都自動的歸向快樂，畏懼痛苦。所以快樂是人的一切活動的終向和規律。

b 穆勒也是在經驗中尋求我們應當遵守的行爲規律。不僅他的意見是這樣，經驗也告訴我們，幸福是衆人所尋求的。所以我們應該努力爲最多數的人，謀最大的幸福。

c. 封特設法建立一種客觀的習俗學；就用比較的歷史，來使人明瞭社會的習俗和社會規則的綜和。這些社會的習俗和個人的習慣不同。前者不是強迫人去作，另一方面，常有一些心像和思想伴隨着它們。後者則不然。

d 現代的社會學派怎樣努力用比較法，把倫理學還原於習俗學，把倫理的事實都歸入社會事實中，這都是我們上面所討論過的。

(註)伊璧鳩魯 (Epicurus, 341-270 B.C.) 古代希臘哲學家。生在柏拉圖死後第六年，十八歲時到雅典就學於柏拉圖派的學者。爲「快樂主義」的創立者。

琉克利斯 (Lucretius, 約 97-53 B.C.) 羅馬詩人。嘗遊學雅典。博覽希臘哲學群書，獨醉心於伊璧鳩魯學說。所撰物性詩 (De natura rerum)，精寫哲理，以寓訓戒之旨，對於伊璧鳩魯思想，發揮盡致。

穆勒 (John Stuart Mill, 1806-1873) 十九世紀英國哲學泰斗，又爲經濟學家。幼承家訓，未嘗入學肄業。未滿八歲卽道希臘語，過八歲通拉丁語，且能數學；十二歲修論理學；十五歲遊學於法國，學羅馬法，有神童名。一八二三至一八五八年，在東印度商會服務。自商會解散後，卽一心撰述，成書甚多。其於論理學承培根之思想；於倫理學，私淑邊沁 (Bentham) 而主張公衆的快樂說，但於外的制裁外，更注重內的制裁，所謂「功利主義」自穆勒始。

封特 Wundt (1832-1920) 德國哲學家，兼心理學家。主張精神現象底實驗說，曾在來比錫 (Leipzig) 大學創設心理實驗室。

2. 批評 經驗和歷史，是倫理學家寶貴的帮助。爲了使實際應作的行爲，很妥適地顯露出來，認識現在和已往的情形，是很好的，甚至是不可缺少的。但，這些知識，僅是「永在倫理學」底補助，打算用它們來組織倫理學，是不可能的。

自然主義派的倫理學者，把「能力」和「義務」這兩個劃然分明的概念，混而爲一了。『人爲了節制自己的生活，可以先審察自己的能力，然後依照自己的能力，衡定自己的義務。反之，人也可以義務的觀念，作出發點；既然查出在自己身上缺乏善盡義務所必需的能力，決不可因此就否認這義務，也不可把它降低，却要要求比自己更有力的帮助，好叫自己能和那義務，站在同一水平線上；這就是宗教』，（節錄哲學家布土論文）(Boutroux, Conférences d'Amérique. Journal des débats. 1919. 年 2. 月 24. 日）

這種態度，正是倫理的態度，是唯一能保障人格的圓滿發展的。至於現代社會學派所主張的，個人良心不過是集團良心底反映，因而必是被動的，那是輕重顛倒了。個人良心恰是集團良心和社會風俗的判官，個人要毫不受限制地去判斷它們。

一般說來，自然主義派的方法，是拿貧乏錯謬的經驗作出發點。『那些自然主義學者的推理法，竟有不能醫治的幼稺病存在。他們捉住一件事實，就從這件事實上創立一個原則；從他們在自然界中無數相反的事實裏面，選擇少數與他們的原則相符的例子。後來再也不肯接受關於道德的任何規律了。他們譏笑一切宗教，他們却信仰一種有惟一事實作根據的惟一觀念的宗教。」(Suarez. Cahiers de la quenzaine 1911年2月11日)

所以，要有正確的方法，來代替以上各種方法，這方法不但不排斥經驗，反倒應用廣大的經驗，並且用一個超出經驗的指導者，這指導者不是別的，就是約束我們個人的良心。它是拿善作標準的。

第二段　直覺法和演繹法

a 蘇格蘭的學者，設法建立一種以良心的直覺作基礎的倫理學。直覺在道德的認識上，負有特別重要的職司；它是認識的出發點，又是興奮的原動力；道德是心內的事情，就是說，它是屬於良心直覺的範圍，不是屬於理智抽象的範圍。——然而，良心所供給的事實，都要受嚴厲的批判，就是應該和經驗對照；不然的話，我們便要冒錯誤的危險，作些有害於社會的事，(如盲昧地去行慈善)或把任何習俗看成應盡的義務，（例如家長強迫子女，去和陌生的人結婚）。

b有人也曾用宗教作基礎，建立倫理學。在這種情形，天主所願意的就是善，但，非有天主的啓示，我們不能認識他願意的是什麽。這種看法不是完全對的，因爲，某件行爲是善的，並不是因爲天主發出命令叫人去作，而天主所以命令人去作，因爲它本身是善的，不過，這種看法，也不是完全錯誤的，内中包括着一部份真理，就是無論那種倫理，必然地要基於形而上學的原則。例如（一）人的自由；（二）天主的存在；（三）天主給人規定了種種義務，在人死後，要判斷並制裁人的行爲；（四）靈魂的不死不滅；這樣說來，就沒有獨立的倫理學了。但是，這些形而上學的原則，並不是從外面來強迫人的行爲，而人却不能不承認它們是絶對合理的。那麽善簡直是基於天主的存在；而不是從天主的命令而來，（這是聖多瑪斯和來布尼玆所曾經說明的）。道德並不是由宗教而來，任何道德，都以形而上學爲根基。任何宗教，都有道德的根基。

(註)聖多瑪斯 (St. Thomas d'Aquin, 1227-1274.) 公教著名神學家。於形而上學是發揮亞里斯多德的學說而光大之，於倫理學，彼以善是基於天主的性格，而非基於天主的意願。

來布尼茲 (Leibniz 1646-1716) 德國著名哲學家，對於學術知識，自幼卽有奇辯，在政治，數學，哲學各方面，造詣極深。就其哲學言，能廣採諸家思想，而融會貫通之，以自建體系，期將宗教與科學，治合爲一，對唯物論經驗論等哲學思想抗辯極烈。

c 康德盡力以「先天」(a priori) 去定出道德律的性質，意思就是人旣是有理智，且能自主，自然可以定出，什麼規律是適合於他的，這規律有什麼性質，並且發生什麼效果。——這種觀點，倒是合法的，是合乎倫理的，不過我們可以責罰康德，不曾注意到倫理的經驗，和社會的關係；更沒有注意到道德所不可缺少的形而上學的基礎。康德所說的道德命令，本是在半天空中，是沒有着落的。

(註)康德 (Kant, 1724-1804) 德國哲學家，著有純粹理性批判 (商務一九〇)，實踐理性批判(商務一九〇)，極爲世間所推崇。素以改造我人的全部知識爲其職志。由懷疑人手，用「實踐理性」及「道德律」作方法，重新再樹立認識的確實。他曾確定天主的存

在，及靈魂的不死不滅。不過，按康德的意見，僅是在由情感和理智的先天形式而創造的『現象界』monde phénoménal 我們能得到完美的確實。對於事物的『本體界』monde nouménal 我們是毫無所知。所以由純粹理性觀點，我們旣不能肯定，又不能否定我們自己的存在。實踐的理性却獨立的決定自己的對象。不仰仗由純粹理性得來的證明。它也就要求我們自己的存在，靈魂的不死不滅，和天主的存在，這三項不是確實認識的而是確實信仰的。

據此，研究倫理學的真正方法，要把經驗和理智聯合起來。但是因爲倫理學根本不僅是單純的習俗學，而是研究並實行當作的善，道德底本體，是存於個人的良心內，我們要明瞭良心的性質和良心的啓示，才能發現道德事實的特點。

第三段 倫理的實驗

由上面的檢討，我們得到很顯明的結論，就是：研究倫理的真正方法，應當把經驗與理智的反省聯在一起。這樣，又遇到了新的問題，就是：我們對於理想，能不能去實驗呢？

從物理數學的觀點看來，實驗不是對理想而是對自然的。但是「實驗」並不限於理化的實驗。理化的實驗，僅是實驗中的一種。意識和良心也有實驗：良心所啓示的責務，是真正的實驗。此外還有「宗教的實驗」見（William James的著作）。但是，倫理的實驗是什麽呢？倫理的實驗就是良心的内容，加以習俗的認識：良心指示給我們應作的行爲；歷史和各種社會學講給我們，旁人實際有了哪種道德的行爲。所以倫理的實驗，真是對理想的實驗；這理想還容許人自由，不強迫人去遵從。

但要注意，這種實驗，不是僅可由觀察而成的；人要有道德的素質，健全的精神，正直的心境，善良的意志，才能體驗領會它。另一方面，人也應有超越道德，而同時確保道德價值的信仰，就是信仰天主，承認他是創立道德者，又是保護道德者。

可見，倫理的實驗，根本就是和實際接觸，所證實了的信仰。

第一篇　理論的倫理學

第一章　良心

第一節　定義

在一切生物中，惟獨人類負有應盡的義務；道德是人類所以異於禽獸的特徵，的確，道德存在的必需條件，有兩種：

一是應當遵從的規律；

一是服從或違抗這規律的自由；

這樣，只有有理性有自由的人，才能有道德，禽獸是不能有的。

我們要把規律，責務，自由，人格等概念一一詳加研究。但是先要討論的問題就是：我們怎樣認識道德律？——道德律是良心啓示給我們的。

第一段　良心的分析

爲了認識良心，應當在有意且自由的行爲中去研究它。因此我們先要考查良心在這行的樣爲上，有什麼職司。

1 事前盡討論和決定的職司。

(a)良心使我們分明善惡；

(b)良心啓示給我們善是應當作的；

(c)良心使我們自信有權利去作我們應作的事，旁人不許阻止。

因此發生三種主要的觀念：

a是應當實現的理想，或絕對的善；

b是應盡的義務或倫理的責務；

c是人的權利。

2事後良心仍有重要的職司，就是判定功勞或罪過。它實施在人行為後所應得的制裁。

3絕對的善和道德的善　道德的善和絕對的善是有分別的，就像已成的行爲，和應成的理想，所有的區別一樣。絕對的善是義務的基礎；道德的善，是我們盡了義務的結果。絕對的善，是我們應該努力接近的，絕對的成全；道德的善，是我們自由取得的相對的成全。良心把這兩種善，都啓示給我們，但是因爲絕對的善，是絕對的，我們暫不能和它對面相見又不能圓滿實行。

第二段　道德的情感

上述的良心的分析，顯示給我們，善惡的判斷，常有情感伴隨着：如欣羡，畏懼，愛慕等情感，人盡了義務就覺得滿意，不盡義務，就覺得羞澁和懊喪等情感；

若是人甘心忍受這樣的悲痛，用以補贖已往的罪愆，這就成爲懺悔了。

我們不僅對於自己的行爲能感覺到這些情感；就是對於別人的行爲，也能感覺到同樣的情感。有人說過：「我見到一個地位比我低下的人，具有一種我所沒有的偉大品格時，我心裏便起了敬意」。這是什麽緣故呢？是因爲他的行爲，是我的榜樣，它示於我一條道德的規律；這條規律，和我的品行相比較，可以壓倒我的自豪；並證實人能實踐這條規律。因此我們對於善人表示崇拜和尊敬；對於逃脫職責，或違犯正義的無恥之徒，我們表示輕蔑和憤恨。

第三段　意識與良心

意識是對於在我們内心所經過的狀態，所有的一種直覺的認識。因之我們能夠直接的認識自己的感覺，情感，觀念，決斷和一切心理現象的主體：自我。良心則不以單純的直覺爲滿足，它去判斷，去實行。它作見證人，作有權的指導者，作裁判者。康德很合理地把良心看作「一種保護的能力，它如同我們的影子那樣伴隨着我們」。盧梭也曾說過：「良心！良心！天賦的良能，不能滅亡的天上之音；愚昧，微渺，而又有理性有自由的人底妥善指導者，不能錯謬的善與惡底裁判者！」。良心是人類得天獨厚的特點。

第四段　良心的性質

良心不僅是人性的一部份技能，而是整個的人心。柏拉圖說：「人用全心求「善」比用全心求「真」還要積極」。良心含有人的一切機能的功用：

一是理智的功用。惟獨理智使人懂清道德的真相；它不僅指給我們實際所有的事實，還指給我們應當實踐的實際，就是絕對的善。

一是心意或情感。情感依附於善；是離不開道德行爲的實踐的。

一是意志。良心和道德律的特殊主體，是人的意志。的確，惟有實踐道德者，才能認識道德，而道德的實踐，是由意識所決定，是自願的。爲了實踐道德，往往應該壓制與道德相反的偏情；人非決意抵抗偏情的反動，不能達到修養道德的目的。保祿說：「在我們心内好像有兩個人，不斷的相衝突：一個傾向於善，一個傾向於惡」。這個比喻是很有意義的。

第五段　良心的權威

良心不是不能錯誤的，另一方面，它是能發展的，可是這兩種缺陷，並不減少它的價值，更不致連累得它去受習俗底範鑄，與習俗成爲相對的。但是，誰願意靠着良心行善修德，誰應當：(一)光照自己的良心，藉能改善我們的行爲；(二)堅固自己正直的意志，因爲正直的意志，是一切行爲的裁判者，它的決定才組成道德的生活。

可是人們加於良心的權威，和他們加於良心性質的意義，有密切的關係；所以我們應當更精確，更深切地把良心的性質和價值研究一下。

第二節 關於良心的性質和價值的各種設想

關於良心的性質和價值有三種主要的設想：

（一）良心是直覺的官能；

（二）良心是經驗的產物，特別是社會經驗的產物；

（三）良心是理性的一面。

第一段 良心是直覺的官能說

「按蘇格蘭哲學士的見解，「自然」給了人類一種直接感覺到善的情感，就像對於美和對於一切有益或有害於生命的事物，所有直接的情感感覺一樣。善惡的判斷，不過是這道德情感的表現；這種情感和其他一切本能一樣，是直接的，是不能錯誤的，因爲它是屬於人的本質，是從天主而來的。

批評　不錯，在人的本質中，實在有一種似乎原始的道德良能：人對於某幾種行爲，感覺到本然的厭惡。這卻不足以使我們把良心視爲特別的官能，或視爲不能錯誤的指導者，因而必須聽從它。進化論者和現代的社會學派，把這種情感，不過視爲祖傳的顧忌。它的來源，是原始民族中所有的「大不」(Tabou)，即社會的禁令。事實上道德良能是有過發展，有過變化的。它有時猶豫不決；需要別人來指點：萬不可把一般情感，或一般從習俗生出的成見，都看作良心善惡的判斷。

第二段　用社會經驗來解釋良心的自然主義說

「照經驗派的說法，良心是經驗的結果：「它是經過聯想作用和習慣的介紹從經驗中生出來的」。社會學派，不過是把這種論調，加上一番細化或限制的工夫，又重新提出來而已。他們以爲，良心所從出的經驗，是社會的經驗，社會加於某幾種行爲相當的制裁，因此，人們依照社會或命令或禁止某幾種行爲，就習慣把它們看作善的或惡的。即使後來，社會的權威已不存在，人們仍舊要照例去判斷行爲的善惡。

比較的研究法曾經顯示了：（一）在文化相同的社會中，同樣的原因，如習慣，法律，風俗等，能解釋善惡判斷的統一，（二）在文化不同的社會中，就有等級不同的，相對的道德。

批評。 這學說倒有一部份真理，這是我們已經說明了的。但是社會學派，從此學說所推理的結論，是極該駁斥的。凡是正當的結論，總是由兩個前提引伸出來的：社會事實，卻僅供給我們一個前提。應該加以原理和公準，才可以推到正當的結論。巴斯加清清楚楚地證明了我們的道德判斷是相對的，他說：「緯度相差三度，就把全部法學推翻了。一種有趣的法學，一條河就把它圍住了！比利牛斯山這邊的真理，到了那邊就變成錯誤了」。但是巴斯加從這論證中推出一種，與那些新社會學派，完全相反的結論來。這是因爲他是拿極相反的公準作出發點。——實際說來，自然主義派的倫理學，所從出的公準——道德等於事實——是最該駁斥的。的確，爲了讚成這樣的公準，先應該顯示，除了經驗，特別是社會經驗以外，良心中沒有其他的要素，可是沒有人能顯示這種事情。道德觀念的實質，因着區域和時代而變化；但是一切道德觀念的形式，是相同的，是不變的。一切人雖然不把同樣的行爲看作義務，但都有義務的觀念，就是都覺得在自己身上，負有一種不是自己所規定的責任。

自然學派，用社會的權威，來解釋這種義務的觀念。不過社會所有的權威，恰是基於義務底觀念。義務不能是權威底結果，同時又是權威底基因。否則便發生了矛盾。人們把社會的權威，不僅看作外面的暴力，而且相信能加於他們實際應盡的義務，這是因爲他們把權威看作合理的和正當的；他們信認權威是以善爲基礎的和代表善的，在事實上，還有事實的價值。

若是我們好好注意到種種社會發展的程度，注意到個人良心發展的情形，再注到利益和情慾的種種關係，就很容易明瞭爲什麼人們對善惡的判斷有時迥不相同。來布尼玆說：「假使幾何學如同倫理學一樣，違反了我們的情慾和我們目前的利益，我們也就要批駁它，反對它了」。人們對於道德行爲有表面的矛盾；這矛盾的原因，往往是由於知識的缺乏，表率，傳說，和習俗的勢力。這些外力，能產生許多成見，有時能把良心完全僞化。

但是，如果拋開這些變化的原因，不論自然主義派的說法如何，就大體說，應該承認在人類的過程中，道德却是進步的。人縱然不常去行善，但他們總比從前更清楚地認識善，更正確地判斷善；不幸他們作了惡，絕不會自己引以爲榮，到人前去誇耀，就在這點上，可以感到道德觀念的光芒和吸力的偉大。

第三段　良心和理性

「良心所以不是完全從經驗中產生出來的，是因爲它連續於較高的根源，即人的

「理性」。良心是理性於品行上的運用，即如康德所說的：「實踐的理性」。

理性根本是單一的，那末理智和良心在應用方面，雖能有大的分別，但在性質上是沒有分別的。因此道德的觀念和推理的知識，得到同樣的保證。康德在實踐理性批判裡面說：「只有一唯一的理性；它在理論的觀點上，又在實踐的觀點上，依照先天的原則下判斷」。所以理性是純粹的能力，不屬於經驗且超出經驗；它是立法者。可是照康德的意見，推理的理性(理智)，有時要尋求不可接近的，不可直接的對象。——如物質，靈魂，天主等便走入岐途。實踐的理性(良心)，倒本身具有先天的，與幾種理論的斷定——如人的自由，靈魂的不滅，天主的存在——相連的原則；這種原則就是道德律。所以我們只要知道，理性有實踐的效用，就是說的，它可以不受自然原因的影響，自身決定意志的趨向，就可以確信它的對象，是合理的。實踐的理性，若是真的話，自己規定自己的對象，即自由的行爲。那麽我們只要確定理性實際有實踐的效用，就夠了。

照康德的說法，實踐的理性或良心，超越推理的理性，或理智。因爲實踐的理性本身上具有先天的證明，那末推理的理性，要分享實踐理性的天性，從它接受：人的自由，靈魂的不死，天主的存在，大自然的秩序，各種意念。

我們在這裡對康德的觀點，不加可否，也不隨着他把理智壓得太低（否則要陷入有危險的唯信主義，使我們把整個知識的系統，統統基於倫理的信仰上面），我們還可以隨同康德，承認良心是理性的一面，但是理性的意義，要看得廣大些，不去把它限制於科學的應用上。人的理性有「事物的是非」和「行爲的善惡」，兩種研究的領域。它是在認識和實踐各方面，作「全人」的反映。我們這裡所說的理性，同時包括巴斯加所說的「理智」和「心情」。(la raison et le coeur) 它應當用實踐的經驗來栽培，也應當用科學的知識來鍛煉。進一步說，不可使理性去服從自然；理性雖然是經驗的學生，但它本身能調整和判斷自己的一切。

結論　良心的價值

良心雖然不是不能錯誤的，它却具有極大的價值。善惡的判斷，固然不能受到經驗的證實，但良心也不需要經驗來作保證，因為良心的來源不是經驗。它把自己所發出的裁判，作爲判斷自然的規律。

澈底地說來，理智和良心，是立在同一基本公準之上的，就是；在理性和自然之間有協和。這公準，對理智而言，就是信仰或假定在自然內有秩序。自然的秩序，得到科學的證實雖是漸漸增多，但不能得到充分的證實。基本的公準，對良心而言，就是，行善將來必得到賞報。這種「必得到賞報」，就是信仰的對象，絕不能變爲數學一類的科學的結論。人有了這種信仰，人生才有意義。

第二章　良心的內容

第一節　責務與道德律

良心內容的主要成分是責務。良心啓示給我們，有些應作的和些不許作的行爲，因此也指給我們，確有一種道德律的存在。人人都應當遵守它。假使理智所了解的「善」，僅是供人冥想的對象，不加於它們應擔負的責務，也沒有尊嚴法律的權威，我們便無法解釋良心實際所下的判斷，和給與的種種情感了。這些判斷和情感，表示我們是隸屬於一種不可不遵的規律。這種規律，支配人一切有意的自由的活動；這裡便稱爲本務或者義務。

然而義務是什麼呢？責務心是什麼呢？它是否有客觀的基礎？是否真受規律的支配？

第一段 「責務心」之心理的分析

1.義務是直言的命令　義務的第一個特點，是人人都承認它爲應盡的。義務是用最高無上的權威來節制我們，而不取消我們的自由。並且責務本身是顯明的，是直接由良心所啓示的，我們不能，也不必，用別的心理的原素來解釋它。它是心理的事實，是人類最高貴，最有特徵的事實。責務心是良心的直覺，它支配人的行爲，却不用什麼證明，正如數學的真理，本有自己的必然，而不用外來的證明。例如「二加二等於四」！這裡重要的不在「四字」，而在於「必然地等於四」。這個「四」，並不像我說「我在二十八歲的時候，所有的「二十八」一樣；二十八是「人生的」，是偶然的；定理的四，則是必然的。這種必然，不是經驗啓示給我們的，也不是由我們自己所創造的，而是我們不能不承認的。在數學上如此，在倫理學上也是如此。可是倫理學的規律和數學的規律有些不同，道德的規律不僅來縛束我們的理智，它還支配我們的動作，它要求我們意志的同意，它命我們去實行它；倘若我們不願意聽從它，良心上就覺到嚴重的譴責。

責務和強制，勸告和暗示都有分別：

一　義務不用暴力強制我們；我們覺得某件行為是應作的，不過作與不作是在我們。

二　我們視它為命令。這命令，不容我們論究它的價值；它直截了當地說：「你應該當作，你不許作！」這是任何義務的公式。

2. 義務既有這些特點，那末，康德極合理地把它稱為「直言的」命令，意思是無條件的命令；它的證據，在於行為本有的善。反之，快樂和利益，都不過是有條件的命令。**義務是節制自己意志的規律**。道德律節制人的意志，卻不是從外面去壓倒它，而要求人自由地接受它；毫不勉強地服從它，因為它是善的。若不如此，就沒有服從不服從，善行和惡行的分別了。所以，道德律節制意志，根本是意志節制自己；意志是自律的，是自己的立法者。自由就是能服從於善，因爲善是理智的標準，又是意志底法則。

3. 義務是普遍的法律　責務既不是由個人自己選擇的結果，所以人人都視它爲普遍的法律，它是加於一切有理性有自由的人的。在康德的心目中，這特點是道德的真正標記。但是，所謂普遍，應當有限制。西班牙的思想家戛尼外(Ganivet)說：「一切人都是可以聽到善言的，但不是一切人都能同時聽到善言」。義務的實質，是隨着人的個性，教育程度的深淺，和良心的精粗而變化的。所以我們不要把任何一條適合於我們的法則，立爲適合別人的法則，也不能用那條法則去判斷或責罰別人。但是，凡人都有實現他所以生在世上的，道德目標的義務；這義務是人人一律都有的：粗笨的鄉人和受過高等教育的文人，對於應盡的義務，都有同樣的知覺。

4. 義務是可以實踐的　當我們失去自由，以致不能實行義務時，責務便不再節制我去作；就是沒有作了，也不負什麽責任，因爲作不了的，是不用去作的。

結論　我們把上面的四項，總括地來說一下：倫理的責任，在良心看來，有兩種特性：一是它節制人，它束縛人；但同時不施強制，不加壓迫；一是它讓我們自由，甚至可以說，責任是道德自由的必要條件。

第二段　責任的根基——道德律

整個倫理，是基於責任心。若沒有責任心，就絕對不能有倫理；若不注意到責任的重要，也不能成就倫理學；只好能有人生的美學：在這裡美行來代替善行。有人說：「如果要消滅責任心，還能有不太壞的生活，却不能有倫理」。責任心必須有其客觀的基礎；所謂客觀的基礎，就不是由我們支配的，而是支配我們的。

這責任心的客觀的基礎，就是「善」。「善」和人的關係組成道德律；道德律，由義務的觀念，呈現於個人的良心上。

道德律和自然律迴不相同：

一，自然律含有或要求自然現象的必然，道德律兼含有行爲的當然和意志的自由兩要素。

二，自然律使人明瞭事物現象的「然」或「所以然」，就是自然界現象的存在和它們的連帶關係；道德律使人明瞭行爲的當然；它來節制人的故意的，自由的行爲。

三，自然律是理論的規律，是徹悟的原則；道德律是實踐的規律，是活動的原則。

道德律和民法也有區別。民法不是全人類普遍的法律，而限於國民的範圍以內。它加於我們的本分，沒有像道德律那樣嚴重。民法是從外面強迫我們；它使社會節制個人生活的表現，因此我們也可以研究它的效用和價值。

第三段　道德律的根基和性質的學說

1 以天主的決定爲因素的學說

根據幾個神學士如最爾孫（GERSON. 1363－1459）和經驗派學者霍布斯（HOBBES, 1588－1679）這一班人的說法，善和惡是由天主的決定而來的，所以不要說：天主命令某某行爲，因爲它是善的；而要說：某某行爲是善的，因爲是天主所命令的。

這種學說，和我們對於天主的觀念，是不相容的。例如：我們不能信，若是天主命令殺人，殺人便能成爲善的。另一方面，這種學說把「善」看作偶然的而不是必然的或絕對的。天主的命令，不能不與「眞」和「善」相符合，而「眞」和「善」就是天主的本性。不是他偶然的志願。所以「眞」和「善」是絕對的，如天主的本性一樣。

2 以社會的支配爲因素的學說

這種學說，主張世間沒有獨立的道德律，只有社會的規律。杜爾克亨在社會分工論（商務三百零一）說：所謂道律德和起於社會規律的分別，就在制裁上：道德律的制裁是散漫的制裁；至於社會規律的制裁，是規定制裁。

我們也承認社會的制裁能使道德發展，但是憑上面所說的，社會的制裁，絕不足解釋人人實際所有的責任心。這種學說把責任歸納於強制，而責任不是強制，它讓人自由地去服從。並且這種學說，不能闡明人對自己的義務。

最後，道德律不是社會所造成的，而整個社會生活是基於一種「超越任何社會命令的不成文法」，這規律是良心啓示給我們的。

3 康德的學說

康德在他的實踐理性批判一書中，說明了道德規律的成因；他的學說，理由雖然不甚充足，但比以前的學說深刻得多，道德的因素，不在外來的能力上和權柄上，而在道德本體內，就是說的：在由理智所孕育的至善的理想和經驗意志間的關係，或在具有理智，有自由的「純人」和兼具有感覺的「全人」間的關係，這種關係就是道德律。

義務的特點

a 義務的形式

1 義務是直言的命令。

2 義務是普遍的規律。

3 我們爲了重義務的緣故，要去服從它。

b 義務的實質

康德的倫理，是唯形主義的(formaliste)倫理，他把倫理的旨趣，看作唯一主要的要素。在康德的眼光，是沒有實質的純粹的形式。直言命令的唯一內容，就是「你應當遵從法律，因爲它是道德律」。不過康德仍然設法規定義務的實質，意思是，規定我們處於特殊的情形時，所應遵從的行爲的規則。他所規定的規則，有下列幾種：

第一條規則：你作事時要想，自己行爲的準則，要成爲普遍的法律。自殺，借物不還，放棄投票權，都是這條規則所反對的。

第二條規則：康德自問，哪種準則是可以普遍化的，哪種準則，是不可以普遍化的。——只有把有理性的人，看作目的，不看作手段的準則。因此有了第二條規則，它是能夠普遍化的：你作事時，常要在自己和別人身上，把人格看作目的，不要看作手段。這條規則禁止奴隸制度。

第三條規則：什麼是人格呢？組成人格的原素是什麼呢！不就是「善意」，絕對服從理智指導的意志麼。它是自立的，給自己定出不可不爲的規律，又把這些規律視爲適合於任何有理性的人，因此有了第三條規則：你作事時要想，在「目的界」中，你是普遍法律的人民，又是普遍法律的創立者。所謂「目的界」，是個理想的社會；這裏有純全的公義宰治着；一切有理智有自由的人，都被看作目的。

e. 實踐理性的公準

義務爲了能夠存在，必然地要求所以能存在的條件；那麽這些條件必須是真實的，這樣的條件有三：

1我若是應當順從義務，我就能夠順從；所以我是自由的。

2我在世間，不能達到完全實現道德理想的目的；所以我的靈魂是不死不滅的。

3理智肯定的幸福，不能與道德分離；自然對道德，是無可無不可的，茫然地分散快樂和痛苦；所以有一位，將來要調整秩序的，正義實體的存在，就是天主。

結論

康德的道德觀是正確的，他的學說也有相當的功績：

1人的道德在於人的旨趣和善意，不在於他的行為上；

2人的道德基礎，是人格的絕對的價值。

但我們應該替他補充三項：

1康德的倫理是過於注重嚴行主義的(puritaine)，僅注意到尊重義務，因為是義務，不關情感與愛情。然而，不僅有情感和愛情，能協助人盡義務，就是禮義廉恥，也能引導人去作有真正道德價值的行爲。

2 康德的倫理，過於傾向個人主義。而社會的制裁和社會種種的規律，也影響到個人行爲的善惡。

3 康德要求天主的存在，爲了保證倫理的調協，而天主不僅保證倫理的調協，他是整個倫理的創立者。直言的命令，是基於天主的。要離開天主，便成爲很脆弱很危險的意念。因爲這種公式：「你應當作，因爲你應當作」，可以辯駁任何命令和任何服從的行爲。我們不要說：「你應當作，因爲你應當作」，而要說：「你應當作，因爲這行爲是善的」。不過這種「善」，這種柏拉圖稱之爲「善的意念」，究竟是什麼呢？除非是天主自己，還有誰呢？關於這一點，法國哲學家勃洛沙爾(M. BROCHARD)在古代哲學一書內(497頁)有這麼一句話：「義務的觀念，根本是宗教的觀念，這是難以否認的。對於義務的原則，若願意得到明瞭的認識和確切的定義，惟有用宗教的觀點，特別是用天主所啓示的公教的觀點去考察，才能辨的到。」按我們的意見，勒氏的這話，有點太過；倫理為了能夠成立，不必基於宗教。但是任何合理的倫理，像任何合理的宗教一樣，必有形而上學作基礎。天主的存在，是屬於形而上學的領域，不屬於宗教或倫理學的領域。如果我們用形而上學的證據，能證明天主的存在，宗教才是正當的，倫理的義務才是真確的。不然的話，任何宗教是迷信，任何道德是幻想。倫理學是基於形而上學的，不是形而上學基於倫理。

第二節　自由

第一段　道德自由的定義

自由一辭，能有下列四種意義：

1 身體的自由，是不受拘束，而能隨意運用自己的官能：如手足等。

2 人民的自由，是保障人民的一切權利；只要不去防害他人，便能任意活動，謀求私人的利益。如保身權，出版自由，結社自由等。

3. 政治的自由，是民衆參與政治或監督政府的特許權，如選舉權等。

4. 良心的自由，跟上面的幾種自由，是不相聯屬的。人和別人完全隔離時，如監獄中的囚犯，仍然具有這種自由。這自由隱伏着在人的意志內，使意志不受拘束，而能自動地決定行爲的方針。鮑須哀（BOSSUET, 1627-1704）說：「當我在心中越尋求，甚麼是使我決定方針的理由時，我越覺得，除去意志以外，沒有別的東西；我這樣也越感覺到我的自由，因爲自由就是自己能決定自己的方針。從此我們可以明瞭康德的話了：「良心的自由，就是意志的自律」。

第二段　有意和自由行爲的分析

爲了明瞭良心的自由，我們可以借助於有意的行爲之決定，來研究一下。

有意的行爲，含有四要點：

一，在意識內，領會到兩種不同的行爲，而明知自己能夠任意選擇一種。

二，領會到各行爲的理論的理由和實踐的動機，並考察這些理由和動機的輕重。

三，決定自己要作那種行爲。

四，去實現這種行爲。

在這四項之間，自由意志的特性，到底在那裡穩伏着呢？——有人以爲，自由的發生，在於任意能選擇二種行爲之間的一種。穆勒說：「感覺得意志的自由，就是在未選擇以先，明知自己能隨意選擇行爲」。(Hamilton的哲學551頁)。學者「對這種自由，稱爲兩可的自由。但是依照笛卡兒的極合理的看法，當我不覺到較重的理由，使我傾向於兩方之一方時，這種兩可的心情，是「自由最低的限度」。

這樣去理解自由，使失去選擇的能力，究竟要將佈理當先生的驢，作爲良心自由的寫照。這可憐的驢，在一堆草和一桶水之間，同時感覺得餓和渴，也不知道自己比較餓，就先要吃草，或者比較渴，就先去喝水；牠拿不定主義，便餓渴而死啦。我們從心理學上知道，這樣沒有決定力的人，遇到在兩件行爲必須要選擇一件行爲的時候，輾轉踟躕，終不能見諸實行；即使實行了，也不過如同猜實和抽籤子一樣，完全是偶然的。這種人實在是無志氣的頹廢者，他們的行爲，不是從他們的人格出發，也不是從他們的意識和意志出發，是由環境擠兌出來的。

反之，真正自由的行爲是確定的、有理由的行爲；不過確定的原因，是人自己，是整個的人格，整個的人心。自由的行為，完全是由人格發生出來的，也就把人格表達出來，由此可以看出，什麼是良心的自由。良心的自由，是一種內在的能力，使我們去注意，去選擇，去判斷，去奮鬥，這樣自律的去決定當作的行爲。貝爾森在良心直接考証(Donnée immédiates de la conscience, 167頁)一書內，給自由所下的定義：『自由是「具體的人」和「他所作的行爲的關係」』，也是這個意思。

良心自由的範圍不限定於上面所分析的明晰的決定。在人生過程中，這類的決定，是稀少的，因爲人的行爲，往往不受意志的直接的決定。但是，從我們自身發生的，從我們的人格發生的，或從我們過去的行爲發生的一切行爲，都是自由的行爲。因爲在任何習慣的開始，在我們人格各特點成立時，曾有過自由的活動，這自由的活動，遇有猝然的叛變，便足以引起反動，將機械式的習慣，完全變化。

第三段　否認良心自由的決定論

決定論依科學所要求的自然界的「決定」，否認良心自由的存在。在這學說內，暗含着兩個公準：1凡是決定都是機械式的必然決定。2凡是自由都是絕對的不決定或絕對的無可無不可。以這兩個公準作根據，決定論者，很容易證明，絕對無決定的行爲是沒有的，因此也沒有什麼自由了：人的一切行爲，既然是決定的，都是機械式的決定。——反對這兩個不能承認的公準，我們要舉出下列兩種與事實相符合的原則：1凡是決定不都是機械式地必然的決定。2自由的行爲不是不決定的行爲，因爲任何行爲都是決定的。

那末，有了這些對立的公準，在「承認」意志自由，和否認意志自由者之間的論證，所應解決的問題，不在「行爲是不是決定的」，而在「行爲是怎樣決定的」。倘若我們的行爲，完全是由他們機械的條件所決定的，決定論者的意見是對的，倘若不完全這樣，在人的活動中，有本着目的而成的精神的成分，那末決定論者的意見就錯了。

1 心理學的決定論

決定論的第一個形式，就是觀念聯想派的心理學的決定論。根據這種學說，我們不得不承認：a沒有動機，我們也不去決定方針，b最有力的動機，常得勝利。我們的心像似天秤，常側在較重的一方。這樣去理解人的行爲的決定，正合於觀念聯想派的對於精神生活的意見。他們以爲精神生活是一組隔離的情感，觀念和動機的斷續的經過；沒有根本的基礎，來把它們相連，給它們形而上學的統一。

觀念聯想派又以爲，經驗能証實他們這種意見：假若人是自由的，誰都不能預測。旁人的行爲了，誰都不能成立什麽行爲的統計表。但是實際上這樣的預測，是可能的；由謹愼妥當所成立的統計表，讓我們在一定的範圍內，預先知道，旁人將來要有什麽行爲。可見人類整個的活動，都受決定規定的支配，良心的自由，不過是個幻想而已。

批評　a.對於旁人行爲的預測，並不能証明良心自由的不存在。別人實際要作一種，我們所預先推測的行爲，這不足以証明，那人的行爲不是自由的，我們所以能預先料到某人在某種情形之下，要做某種行爲，這是因爲我們認識了他的性格；而他的性格，是他自己造成的；他順從自己的性格做事，還是自由地做事。

b.我們的預測不是不能錯誤的。決定論者主張，我們這些錯誤，都是從我們認不清行爲的動機而來的。其實說：預測的錯誤，是從別人受意志的干涉而發生的；它是在中途獨立地改變了方針；那末人實際的行爲，當然不能符合我們的預測。這種錯誤的了解，不是更合理了麼？

c. 在任何一個人行爲的統計表上，可以看出重要的昇降；我們也就很可以相信，這些昇降，是由人的自由所發生的結果。況且，統計法祇能應用於平均中項上，不能應用於去決定個人的特有的情形。在我們對於自由的理解上，頗有統計的可能：自由不是逞私意；自由的意志是服從理智的，自由受制於條件；那末在人的行爲中，要顯出多少的固定性，當然不足爲奇了。這種相對的固定性，在一些少受意志支配的行爲中，更爲顯著，如誕生，去世，自殺，犯法等。

d. 用一組隔離觀念的聯想，去理解人精神的生活，便因此推翻良心自由的存在，這樣的推理，也缺乏有效力的證明。至於將自由看作純粹是兩可選擇能力的學者，聯想派的倫理，頗有推翻的可能。可是按我們的意見，真正的自由，並不是模稜兩可的，實在是一種確定的的自由。純粹兩可的心理，不能成爲自由的，乃是自由的反面。我們和決定論者，都一同承認，人若是沒有動機，就不會有選擇的工夫；

正如若是沒有原因，不會有結果一樣。但是有無問題的癥結，是在這裡：我們在認清了行爲的動機以後，以之決定，是不是還屬於我自己？因爲，只有屬於自己的決定，才與我們的自由有關，這樣觀念聯想學者的分析，在我們看來是大錯而特錯的。實際有效力的動機，不像物理上，前有的現象，必然的發生後有的現象一樣。試問這種動機的效力，是從那裏而來的呢？那就沒有旁的解釋，必須說：它所以有效力，是意志選擇了它罷了：那時心中似乎有極輕的聲音，向我們說：爲什麼還要審慮？不是無用的麼？你早就知道你要作的是什麼。我們雖然聽到這種聲音，還是費一番審慮的工夫，彷彿我們要千方百計，努力保持機械的原則……意志猝然的干涉，像似心理生活中的事變；理智預料它，並用規則的審慮，努力預先辯駁它。柏格森（在精神能力一書一二一頁內）說：若果我嚴謹地查問自己，便能查出，有時候我雖然已經決定了所要作的行爲，還是要審查和秤量動機的輕重。

決定行爲的「動機」，所以有價值，有效力，就因爲人自己已往參加在內，來增加固有的效力。柏格森（在同一書内一二七頁）又說：「有一種心理學稱說，人心受同情或忌恨的強迫，被動地決定自己的行為；這樣的心理學是粗劣的，是庸俗詐騙的心理學。同情或忌恨，幾時在心中有了深固的根基，每一個就代表整個的人心……那末說：同情或忌恨決定了人的行為，簡直等於說：人自己決定了自己……整個的人心，整個的人格，能處在唯一心理狀態中」。

由此可知，倫理學獻給我們新的因果關係的型範，就是內心的因果關係。它跟兩個互為條件的物理現象間的關係，是絕對同一的。觀念聯念派的錯誤，就在把倫理上的因果關係和物理上的因果關係，混為一談了。

2. 科學的決定論

A. 生理學的決定論。

有些生理學家，根據身體在性格和行為上所有的影響，便反對自由的存在。在他們心目中，自由不過是不能接受的假設，是缺乏根基的幻想。——有人認為是因爲他們誤解了生理和精神之間的密切連合，誤解了環境和遺傳，對於人身體上的影響，並誤解了身體在意志上的影響。有時候，我們相信，我們是自由地作事，豈不知我們還是受了氣質的驅使；這氣質完全是我們的祖先，我們的乳母，我們所處的地域，氣候和我們日常生活的食品所造成的。這是唯物論對於自由的解釋的大意。在這種學說中，人的意志不過是外界條件的機械式的結果。

批評。一些生理的原因能影響到人的行爲，來限制他們自由的活動，這是毫無意義的。但是意志能推翻這種影響，這也是不可否認的道理。行爲的決定，是從我們的性格出發的；而我們的性格一大部份是由我們自己造成的；難道我們不能改變我們的氣質嗎？生理學的決定論與事實是不相合的，遺傳的弱點，使人得到神經的衰弱，可是不一定使他犯罪；罪犯留下的子女，如果幼年受了好教育，能夠成爲完善的人；酒鬼的子女，能夠成爲聖裴多芬也能成爲酒鬼；淫蕩人的子女，能成爲大哲學家兼大神學家，聖奧斯丁也能成爲品行最不羈的人；柳下惠和盜跖不是弟兄嗎？這種極大的區別，是從何而來的呢？它是從各人意志的自由而來的。所以，對於我們的行爲，我們的性格，我們自己應負責任，至於負責的多寡，當然人人不同，而且是不易評議的。

B. 物理學的決定論

按照物理學的決定論，人的自由行爲，不過是反覆的打擊：身體器官的變化，在我們以內發生思想和志願，這思想和志願，再要影響到器官，發生活動；這都是機械式地必然的結果。意志的本身，不能創造或產生任何活動，也不能截斷大自然地必然的進化。否則，就要違犯自然律的恒一，和「力的保持原則」，而這原則，已經得了物理學的証明。

批評 物理學決定論者的推理，可以賅括如下；自然界服從必然的定律：「同樣的原因，常產生同樣的結果」；那末人的自由，當然沒有插足的餘地了。換句話說：「必然」和「自由」是不能妥協的；但是「必然」已經得了科學方法的証明，成爲經驗的真理；所以「自由」不過是虛構的幻想了。這種推理是不合的，因爲：

a. 把「自我」充分類化於「物理的自然」，是不合理的類化。「自我的」活動當然也受規律的支配和自然一樣；不過支配自我的規律和物理學的規律是不同的，因爲自我的生活，是在時間中經過，而人的內部的原素，先後常不相同。所以在內心的活動中，提議：「同樣原因，產生同樣結果」，是沒有意義的。同樣拉瓦息所發表的，「力的保存」原則，僅能適用於無機體的範圍，對於生活的變化，是不能適用的，對於人的意志作用，更無關係了。任何大腦的狀態，並沒有嚴格規定的相對的心理狀態。運動，能解釋另一運動，而不能解釋意識狀態。人的意志指導人的活動，並自由地運用自己所備具的能力！至於要怎樣運用這能力，那却是不能預測的。再者，若說意志能產生運動，這也不是反倫理的原理。力的保存原則，僅是一種公準，沒有什麼絕對的價值；假若經驗來否定它，我們不能因着它去否定經驗。

b. 自由是心理的事實，必然不過是理智的結論，並且在這結論內，從假設而來的成分，較比從經驗而來的成分要多。經驗固然貢獻我們一些恒一的，規則的事實；但：。1.它們的恒一性，是不對的；。2.「恒一」不是等於「必然」。物理決定論的謬點，就在它把「決定」和「必然」，混到一齊。在自然界中，固然有「決定」，但我們很可以相信，這「決定」也不是絕對必然的。我們要符合不土的話：「自然界的規律，寧可說是自然界的習慣，不是絕對必然的規律，自然現象的相當的齊一，引導我們幻想它們的運動是必然的，不過必然只在於論理學和純粹數學中；在物理學中，必然的意義，已較寬泛了（力的退減原則，說明物質是變化的）。在生物學中，必然更不是嚴格的，個體的構成生長和種類的進化，只能受目的原因的解釋，而目的原因的進行，是隨意的，是不能預測的。假設人把數學視爲惟一科學的型範，或把一切聯繫，都歸於機械的聯繫，那末，萬事的決定，也要視爲是必然的了。可是各種科學所有的特殊的進展，不再允許我們，將它們都壓縮到物理學的範圍內，我們因着科學的進步，也就把「偶然」視爲事物的深處，把自然界的程序視爲

「有智」決定的結果，而這種有智的決定，對於目的的關係，比對於機械的因果關係，更爲接近。在自然律之下，我們可以處處透徹地明白自由活動的能力，而這種能力。在人格上，有它的極大的發展。

3. 神學的宿命論

還有人說：人的自由和天主的全能，是衝突的。天主從很早已經預見我們的行爲了；所以我們不能自由決定。

批評 在天主身上，無所謂「預見」，他只有「現見」，因爲在他的永恒中，沒有過去，也沒有將來。過去和將來，在天主造成的，屬於時間空間規律的宇宙內，才有意思。天主自己是與任何時期「現在」並存的，他對於任何時間的現象所有的完美的認識，也是與這現象「現在」並存的。所以天主對於人的自由的行爲所有的認識，絲毫不妨礙他們的自由。好像我看見一個奔跑着的人，也許預見他要跳到坑裏去，難道僅因爲我見着他，他就失掉了自由嗎？我們儘可相信，天主看見我們自由的行爲，所以是從我們自己主動出來的。倘若有人主張全知天主的認識，能消滅人的自由，那就等於說：有一種盲目的機械力支配時間了，不是至善至智的天主照管了。祈求，禱告就沒有什麼用處。說到這裡，無疑地我們是陶醉於神妙的秘奧中了：我們能力有限的人，是不能懂透無限的天主的。但是，因爲一方面有天主，一方面有自由的存在，我們就該符合笛卡爾和鮑須哀的話，緊緊握住這條鍊子的兩端（一端是天主的全智，一端是人的自由），雖然我們不能握着它的中環，也沒有什麼關係。

結論　自然界的「必然」不過是理論的假設，「自由」則是心理的事實。意識明知我們是自由的；良心肯定我們具有完盡義務的能力，世界的觀察，確定了心理的經驗和倫理的信仰，指給我們實際的根基，是從「創造能力」而來的偶然。整的世界和人全身的纖維質，都隸屬於天主的「創造能力」。那末所謂自由，就是服從天主。良心的自由，就是選擇並完成善行的能力。除去這種心理的證據以外，還有一種屬於形而上學範圍的自由存在的證據。他的大意就是，任何有限的善和福樂，都不能滿足趨向無限的善和無限幸福的人心，也就不能限制人去接受，關於這種論証，將要在另一本書裏來討論。

第三節　權利　責任　制裁與人格

義務與自由，這兩個相關的概念，是全部倫理的基礎。我們已經証明了，人實際具有應盡的義務和行爲的自由，現在我們要從義務和自由的存在中，把它們倫理的結論推演出來。

第一段　權利

1.權利的定義和特點。

權利的根源是人格，權利的基礎是正義。

道德律既然加於我們絕對的義務，倘若我們不能自由地奉行它的命令，這些命令，就沒有什麽義務了。那末，奉行道德律命令的自由能力，是道德律存在的必然的結果，這能力，是人類完盡義務的神聖不可泯滅的特點，稱之爲權利。

權利以道德律爲根基。我們對於任何人所尊重的，就是道德律。兒童根本具有將來要實行的義務，它能解釋現在能享受的權利；他的理智和自由，雖然還沒有發展到完全的程度，他確實具有「理智和自由」，因爲他真是一個人，就是對於禽獸我們也應當尊敬牠所有與人類的相似點。

權利和義務是相互的名詞。權利和義務，能否發生衝突？例如：我借給人一筆欵，定好歸還的日期；日期到了，負債人除非忍痛蒙受重大的損失，不能償還我，我却能不受絲毫的損失去允許他延期。有人主張，就道德的立場說，不許我逼迫人還債，可是以權利來講可以向他討還。我們回答，按法律講，我們有這權利，從良心講，却沒有這權利。可見，應當把民法的權利和自然的權利清楚地分別出來，和義務相關的權利，不是民法的權利而是自然的權利；後者沒有社會的來源，它是天賦的。

由上面的意義，倫理的權利，和倫理的義務有同樣的特點：a它是普遍的；b.它是不可侵犯的；c.它是不可讓與的，把權利讓與他人，自己便不能善盡應盡的義務了；d.在需要時，人能強迫別人來尊重他。巴斯卡爾說：「正義沒有強力，是無能的；強力沒有正義，是暴虐的。所以應當把正義和強力，連在一起，使正義者有強力，使強力者有權利」。

上面，我們給權利僅下了個理論的定義。對於權利和義務，正義和道德的關係，僅僅加以說明，此外，還應該研究權利的本身，藉以探討事實對於理論，是證實還是反証。或是怎樣改良。

2. 權利的來源和基礎的學說

A 自然主義的學說

a. 根據希臘的詭辯學派，霍布斯（HOBBES）和幾位德國十八十九世紀的史學家的主張，權利是以強力爲基礎。這種學說，不僅以自然界，就是以人類社會中實際所有的事實，都可以作根據。因爲生存在競爭的人類社會中，常是「弱肉強食的」。法國寓言史家拉風得（LA FONTAINE）說得很清楚：Le droit du plus fort est.oujours le meilleur.「較強者的權利，常是較有力的權利」。

這樣的學說，足以消滅道德，並相反我們正義的要求，在道德上，人能判斷自然和經驗；它不肯贊成任何的勝利，也不願責斥任何的失敗。像福斯特來池（FAUSTRECHT.）主張養成暴力，是等於打消道德或人格；歷史告訴我們，喜用暴力的．終究歸於失敗，惟有基於正義的威力，才能歷久常存。可見在世界上有一種「內在的正義」。

b.根據功利派的主張，權利是以利益爲基礎。——不過私人的利益，沒有道德的特點；就是團體的利益也是沒有，爲了服役國家，不可犧牲無罪的人民，在利益之上；還有正義存在。

但是，功利派的學說在今日還有人提倡，也就是袒護社會唯物主義者，盡力地宣傳，按馬克斯社會主義者的主張，權利是以「生活的需要」爲基礎。他們以爲爲了滿足這種種的需要，必須組成社會。社會的目的，在於共同地來產生維持生存所需要的東西，在這學說內，權利和社會狀況是相對的：所以社會的經濟狀況是斷定人民的權利，社會生產的狀况是斷定人民的權利和法律的制度；幾時經濟的狀况有所改變，人民的權利也隨着改變了，機械的發明也是原因之一。

可是人生存的需要，不是固定的；它能得寸進尺地來擴充我們。誰可以規定它的倫理上的價值呢？難道我們能說權利和需要一齊增長麽？此外，在各種需要之間時常發生衝突。到那時候，是那一方有權利呢？是誰來替它們分配呢？是不是強力？例如罷工。那就要回到「弱肉強食」的學說了。是不是理智？例如取决於公斷，可是公斷所根據的理由，是道德律和正義，不是生存的需要。

在這含糊且危險的學說內，我們可尋出整個唯物主義和决定論的原理。它把社會生活的精神的方面，一概抹煞了：在它看來，思想不過是外形，是物質事實的結果而已。——但是，我們已經証明了，意念或信仰，常是任何物質或社會進步的淵源。

決定論的原理是詐偽的；因爲：指揮世界的，是意念和信仰，不是機械。決定論的原理，有時是十分危險的，因爲：拿物質的需要，或自私的心，或以強力作社會的基礎，是不能持久的。保証社會的秩序，只有理想。

B. 唯理論的學說

唯理派曾經証明，權利分爲兩種：一是「法律的權利」，就是和社會相對且隨着社會變遷的權利；一是「自然的權利」，它是基於人格的絕對的價值上，是人類本然的權利，它的基礎，是聖多瑪斯所說的，「永遠的法律」。——自然的權利，在應用上，不是不變的：它隨着道德和社會的發展，漸漸地更清楚地顯示出來。

c. 結論 可見各種權利是隨着經濟的和社會的條件而變更和發展的；但除它們以外，還有奠定一切特別權利的自然的權利，一切特別的權利，却不斷地在努力和它接近。這種自然權利，是從人的自律而來的；它基於正義的理想上。

所以，權利確有道德的基礎，而它詳細的內容，確實是由社會規定的。

第二段　責任與制裁

1. 責任的定義。

人能自由地服從或違犯道德律；所以他負服從或不服從的責任。道德律必然地要求人來負責任的；因爲若沒有責任，義務便成爲強制了。另一方面，因爲人自由地作事，所以他在社會，在良心和在天主前，要負起自己行爲的責任。意思是說，他要受一位在他身上有權威者的判斷和刑罰，道德的和永遠的制裁。

所以，「責任」所含蓄的要素，有下列四種：

a. 道德律的存在。

b. 道德律的認識。

c.服從或違犯道德律的自由。

d.制裁的存在。

2.負責任的等級。

負責的程度，是按照人自己的程度而定的。所以，負責任和自由一樣能有不同的等級。強制，愚昧或瘋狂能消滅責任。現今有學者，且有些法官承認應付生存需要的一些行爲，可以説是無罪的；譬如：飢餓的人，偷了人家的饅頭，在法庭上是不受犯罪處分的。大家也承認，由遺傳，劇烈的偏情，卑劣的教育，或其他不良的影響而犯的罪過，所負的責任，也要減輕。但是，這裡千萬不要太過了。隆佈樂騷(LOMBROSO, 1836-1909)和其他幾位義大利的犯罪學者，是把這種論調，過度擴張了，而主張，一切罪犯都是不負責任的。我們要知道，人對於自己的偏情，負大部份的責任，因爲他能改正自己的氣質，抵抗自己的環境，也能改變遺傳性的流弊。

3.負責任的結果

有功的應該受賞，有過的應該受罰；還有社會的，良心的，身後的制裁。

負責的行爲者，完盡了自己的義務，是有功的，他應該受賞；反之，不盡自己的義務，是有過的，他應該受罰。所謂有道德的人，就是習慣去作正經的行爲的人；反之，就是邪辟的，無道德的人。

良心要求有功的和有過的，都受到應得的報答，就是受到合理的制裁。不含有義務和制裁理論的倫理學，是不能稱爲倫理學的，只好是無力的審美而已。

A.社會的制裁

人不能離開社會而獨自生存；個人的行爲，都和社會發生關係，所以社會對於和自己有關係的行爲，加以制裁，這是很合理的。這就是社會制裁和刑罰權的根基。

可是近代學者，如杜爾克亨等，把這社會的懲罰，視爲道德的基礎，我們不能符合他們的意見，因爲：

a.**產生道德責任的**，**不是社會的制裁**。由於畏懼社會的制裁而作的行爲不能稱爲道德的行爲。反之，由於希望得到精神的賞報；如良心的快慰，或身後的幸福，而作的行爲，是道德的行爲。因爲行爲者的道德價值，屬於他意志的善惡。所以後者的應受賞報；而前者的行爲却不能受到，這樣，不是制裁制定了責任；而是道德律要求且制定制裁，因爲它是正義的又是良善的。

b.**社會的制裁不足以引導行善避惡**。**因爲它只能達到人的行爲**，**不能透入人的意向**。誰也不能夠判斷別人的意向：社會只認外表，不認得內心，而有善的意志的人，才是善人。所以理智的要求在社會制裁以外，又在社會以上，還有生前和身後的倫理的制裁。

B.**良心的制裁**，**懺悔**　懺悔是由個人良心加於罪過上的天然的制裁，就如它加於善行的快慰一樣。用懺悔的心去回顧已作的惡的行爲，是合理的，因爲現在是過去的延長，將來是「現在」的延長；「過去」「現在」和「將來」是有密切聯繫的。並且我們的一切行爲，都是從我們的性格來的，而對於我們的性格，我們自己是負責任的。所以懺悔不是空虛的或者無效的：它還有改良自己，以後不再犯同樣罪過的決定，並且使我們去補償罪惡的效果，如償還竊物。在基多所創立的解決方法，懺悔是不可缺少的要件。這解決方法的普遍的適用，使人用有效的懺悔來代替古時的報復，就是「以眼還眼，以牙還牙」的原則。公教的解罪法所課定的罪罰，是道德的制裁，正因爲它能夠誘導人作有效的懺悔。

國家所訂的刑法，也有道德制裁的真相。不僅是報復，或社會的自衛。所以，現在的國家，努力將刑罰改成使罪人改過的方法，儘量的廢除死刑，因爲死刑，消滅了改過的機會。但是也不能絕對的排斥死刑，它對社會是有益的，甚至是必需的，所以對於毫無希望悔過的罪犯，可以合理地去執行死刑。

c. 身後的制裁　可是，僅有良心的道德制裁，還不足以引人趣善避惡。在現實的世界上，往往得不到良心所要求的報應；善和幸福，往往是相違離的。因而我們的理智肯定，我們的心所希望的未來永生的存在，藉能實現善和幸福的合併，使我們的深切願望得到滿足。人靈的不死不滅，雖沒得到倫理的證明，却與心理學和形而上學的證明相輝映，使我們確實知道，人一定要有永久的存在。身後的存在，不過是現在存在的延長，現在的存在，就是身後存在的準備，因爲天主造生人的目的，就是爲了享受自我的永久的幸福。假使沒有自我的身後存在，道德律就失去了效力，道德的進步，也就毫無意義了。肯定靈魂的不死不滅，是倫理學「必有的極峰。』

結論 人格

1. 定義 道德律及由道德律引申出來的一切權利的主體，隸屬於盡義務而又負自己的責任者，就是人的「自我」或人的「人格」。人格主要的特徵是「理智」，「自由」和「自由的意志」。

2. 物體，個體，人格　無機的物體，不過是物質的集合，就如一塊結晶體，爲了對稱的關係，具有幾何的形式，但它的各個分子，都是能分散的。物體都佔有一部份容積，它們的一致，僅是表面的，由於我們的感覺和我們的意識，是相對的。

有生機的物體，才稱爲個體。有生機的物體，不是由人所隔離的體系，却是由自然而成就的體系。個體是由多個不同質的部份組成的。它們對於作用，則是互相聯合的。

有機的個體，從生物羣體起至獨立的生物止，其間有無數的等級。可是，就是最高級生物，還是缺少只有人所具有的兩種特點：理智和自由。這兩種特點，是人的「自我」或「人格」的特徵。理智能超出自然而判斷自然；自由能利用自然，自己製造自己的命運，因而只有人是自律的。

3. 自我的意識，是以什麽作根據的呢？

a. 自我的概念，有心理的起源。意識啓示給我們，自我是先後同一發動行爲的主體。但是，意識所啓示給我們的自我，不過是概然的：在兒童時代，自我的意識尚未形成；就是在成年人，自我的意識也受制於種種變化；又因着疾病，似乎要喪失。

b.只有**良心**，使我們肯定「自我」的真正同一；我們明知有節制我們的理想，我們應當使它實現。我們肯定「自我」是自律的，且把這信仰，視爲我們確實的真理；任何經驗，都不能推翻它。

1.**自我概念的進化**：**古代的倫理**，**公教的倫理**。

「自我」在西文叫作 la personne 來自拉丁文 persona 這名辭在古代羅馬戲劇上，只是演員所用的「假面具」，後來成爲扮演的「角色」。從戲劇的 persona 演進到法律上指示公民在社會上的位置；古代惟有自由的人，才算是公民，所以，等到自由的概念獲得倫理的意義以後，自我的概念，也隨着得到了倫理的意義。最末的，而且最重要的自我意義的演進，就是公教的成績。

因爲古代的人，除去公民的自由以外，不認得其他自由；所以他們未曾有過真正的倫理。他們所尋求的「善」和「幸福」，不在「意志」與「内心」律的符合，僅在「理智」與「自然律」的符合，他們對於善的觀念，出入於唯智主義和審美主義之間。按蘇格拉底和柏拉圖的意思：道德就是認識，「沒有故意作惡的人」。按亞利斯多德和斯圖亞派的意思：「善」就是「美」。在亞氏一派：道德是「均衡」，在斯圖亞派：道德是與自然和宇宙的一種調協的生活。後者雖然已經指出善惡是屬於意趣的；但他們所領會的善，不過是可以仿效的目標，不是意志應當實現的理想。所以古人都沒有認清了義務的概念。他們沒有直言的命令，只有制約的命令；都說：「若你願意獲得幸福，你就行善吧」。

古人既不知道德律爲何，也不明瞭和道德律相關的「良心自由」的概念。因而他們誤解了犧牲自己的價值，功勞罪過和責任的概念。在他們的倫理學中，沒有提及未來的生命。因此古人沒有前進到「倫理的自我」的概念，他們把本國所有的人，分爲兩等：自由人和奴隸。自由人能享受公民的自由，宛然是貴族；奴隸的羣衆，不過是供自由人驅使的工具。斯圖亞派雖預覺到人間的平等和博愛，但仍主張，惟有少數哲學士，才能度圓滿的道德生活。

古代倫理學的這種缺憾，是因爲他們沒有超然的由公教而來的倫理自我作基礎。他們把「無限」看作「無定」，就是「缺欠」或「沒有」的意思。他們的天主，是個純粹的智慧，沒有意志和創造的能力。他們不認識，作倫理中心和保障道德的形而上學的天主的概念。基多才把倫理的概念啓示給人，因而創立了人類完美的倫理；他把自我的意義，充分地向人闡明：人都是平等的，因爲都是天主的子女；都有同一的終向，都有同等的權利，去實現他們的終向。因此人人都是等值的，他們所受的判決，要完全根據他們的功過，不錯，爲了維持社會的生活，須有長官和屬下的分別，但官位不過是服務而已，「我來不是叫人侍奉我，而是叫我侍奉人」。「有時候最前的不如最後的」。產業所有權，也不過是爲了服役於人而設的，人應當善用，就是用它去謀求大衆的幸福。

這些關於自由，責任，至善，義務，意志和志向的旨趣，人的權利等概念，都是從公教的倫理中湧現出來的，漸漸傳播於整個的人類，如禁止奴隸制度，和暗殺，制定身體保護律。。。。。，工作權利，救濟制度，人權和公民權等，對於人類都有莫大的利益。

近代的人類，用下列兩種方法，更進一步地闡明了人格的概念：一是給了他形而上學的內容，即是本體(Substance)一是用憲法確定人格的權利；這是近代民主主義發展的功效。不過人格和人格權利的究竟的根基，還是由公教來的兩個倫理的概念：意志的自律和靈魂無限的價值。

第三章　人生的歸宿

引。言。

在我們研究良心問題的時候，已經說過，人人都有應實現的究竟的歸宿，對於這歸宿的實現與否，人是自由的。現在我們所要探討的，不是這歸宿的究竟，而是在人一生的過程中，去實現究竟的歸宿，所有的實踐的準備，也就是人行爲的動機。前面我們研究過道德的型式；現在我們要進而研究道德的實質，就是先考查我們行爲的心理的動機；然後再研究種種隨着人生的環境，而無窮變化的行爲的内容。

行爲的一切動機、都可以歸納爲下列四種：

一，傾向　傾向是潛在的動因，經過反省，便成爲動機。

二，快樂　快樂是由傾向的滿足而得的情感；預見這種快樂的「銳覺」能成爲行爲的動機。

三，利益　利益是固定的持久的快樂。

四，美善　美善可以說是人行爲最高貴的動機，有時候它同我們的傾向和利益能互相抵觸，但是，那就應該犧牲傾向或利益，以達到應實現的美善的境地。美善在西文稱爲 honnête 來自 onus 一詞；意思是擔子，那末，美善加於我們的擔子，我們要愉快的擔起它，才有道德，才可以受人的尊重。內在的美善，加以旁人的尊重，叫作榮譽，(honneur) 這榮譽較比性命更有價值。所以人在必要時應該犧牲性命，以保榮譽。如未那爾 (JUVENAL) 說：「重性命，重廉恥；且因性命而拋棄生存的理由，實在是大逆不道」。

可見義務往往命人作出超過義務以上的行爲。

以下我們要簡略的研究，以這四種動機作倫理基礎的種種學說。

第一節 倫理的快樂說

依照希臘哲學家亞里斯提卜(ARISTIPPUS 425-366)的見解，人類欲望的對象，僅是快樂，痛苦是應當避免的；求快樂是我們全部活動的歸宿。「今朝有酒今朝醉，那管來朝是與非」「趁着今天，享受我們的生命吧！誰知道明天還有我們沒有呢？」

批評。。亞里斯提卜和一切享樂主義者所說的快樂，僅限於身體的快樂。這樣的倫理快樂主義，是極該駁斥的，因爲：情慾的快樂，所賜予的，不過是返悔，羞愧，和被人輕視；僅足以貶低人格罷了。

我們要知道，快樂並不是活動的歸宿。。而是引導人行善，或者犧牲自己天賦的協助，犧牲正是道德底樞紐。

第二節　倫理的私立或公利說

1.快樂和利益的比較　利益的倫理觀，比快樂的倫理觀，高尚得多，因爲它用幸福，就是全部生活的快樂，來代替暫時的情慾的快樂。利益主義的學說，可分爲兩大派別：一派是側重私利的；一派是側重公利的。

2.倫理的私利說　這是伊比鳩魯的學說。經驗告訴給我們，人人都將快樂視爲活動的歸宿。但快樂有不同的等級：在情慾的快樂之上，有精神的快樂，再上有「靜心寡欲」（Ataraxie）的快樂；這就達到了「一塵不染，萬念俱寂」的太虛境界。爲了實現這種理想，賢者須犧牲不需要的快樂，節制自己的欲望，實行操縱自己的心念，致力於「淡泊」「寧靜」的工夫。這完全像似莊子的齊物論。

3.倫理的公利說　英國的哲學士肯用公利來代替私利，在道德方面，這算是更進一步了。

a. 邊沁（BENTHAM 1748-1822）主張幸福是人的至善，但不是個人的幸福，而是「最多數人的最大幸福」。因此他把各種快樂，依照他們的遠近，久暫，強弱等，作成一種計算快樂的算學，使人能利用它尋求自己的和別人的最大的舒適。

b. 穆勒在他的實利論（1861）一書中，補充了邊沁的學說，他計算快樂等級的時候，不僅注意快樂的量，還注意到快樂的質。他「寧願當個不滿意的蘇格拉底，不願意當個滿意的小肥猪」。所以穆勒對於快樂，負以價值的判斷；但他所說的價值，還是從數量方面去估計，是以多數人的意見作根據的。穆勒又主張，只有「自利心」是原始的，「利他心」則是由「自利心」機械地產生出來的。就如，財迷人，為了適應生活的需要，先求金錢，後來却以獲得金錢作目的；這樣，人類起初協助旁人，為獲得自己的利益，後來習慣了協助別人，也不想到自己的利益。耶穌所說的「愛人如己」這條金科玉律的格言，在公利說內，沒有什麼內在的價值；只有公共便利的增進才能毀倒它。

c. 斯賓塞 (SPENCER) 把倫理聯帶於種類的進化。在他的心目中，進化是由同類 (homogène) 到異類 (hétérogène) 的緩變的進展。這普遍的自然律，在道德界內，由雙管的傾向表示出來：一是傾向個人的利益 (individuation)，一是傾向分工合作；從此人類的互助精神 (esprit de solidarité) 漸漸地健強起來。爲了了解這種過程，斯賓塞用遺傳作根基。遺傳把人類一代一代的所獲得的進步，固定起來：道德不過是遺來的習慣的總滙合。

倫理私利和公利說的批評

這些學說，說明了，人所期望的利益和他所行的善，是有密切關係的；他們也表明了進化和互助精神在道德上發生的影響。

這些學說，却誤解了道德行爲的真正動機和真正基礎，就是責任。僅用利益去了解義務的實踐，是絕對不可能的。因爲一般公利論者，從伊壁鳩魯起到邊沁和穆勒止，都補充了用利益解釋的缺欠，不僅注意到利益的量，而且還注意到利益的質；又將超越個人直接利益的理想，引入了利益的範圍以內。穆勒在他的自傳中說：「惟有拋開私人的幸福，而一心傾向理想的歸宿的人們，才是有福的」。

在一切倫理公利說中，有內在的矛盾：試問我們要尋求公共的利益，是不是爲了得到私人的利益呢？但是這不是自私自利嗎？反之，我們是否應該捐除自己的利益，有時爲了他人去犧牲自己，以尋求大衆的利益，那就非有高尚的原動力——責任心——不可，習慣絕不能將人提高到這種程度。它絕不會使財迷人把求金錢看作應盡的義務；它更不能引導人爲他人的利益而犧牲自己。社會的福利不能自動的成就；個人的利益常是彼此發生衝突。必須有個有理的權威，來調協私人的利益，和創造社會的福利不可。

斯賓塞的進化主義，有同樣缺欠。機械的進化，不能使物質產生思想，使自然產生道德，使自私心產生犧牲精神。因爲這一切，按巴斯加所說的，是「不屬於同一界的」。所以我們寧歡迎牛曼的「進展」，不歡迎斯賓塞的機械的進化，進展的意思是在種子裡，已經所包含的東西，漸漸的表現出來。例如，由種子生出來的大樹，由嬰兒長成的成人。

第三節　倫理的傾向和情感說

第一段　近代的情感說和利他主義說

近代的主要的情感說，有福利埃和阿當斯密絲的學說。

在福利埃(FOURIER, 1712-1837) 的學說內，有神秘主義與社會主義的奇異的混合。福氏以爲精神界是由「愛」和「恨」所支配的，即如物質界是受「吸力」和「拒力」所支配一樣。人的熱情，都是由天主賦給的，都是善的；其實我們不但沒有發展了這些熱情，而且還容許了社會的機輪去掩滅它們。所以應該努力恢復情感和愛情的名分，以完成人類的道德和幸福。一八四八年的神秘社會主義，是由福氏的學說產生出來的。它不像馬克斯唯物社會主義，將社會生活基於嚴格的正義之上，而拿博愛作社會生活的基礎。可是福氏以爲，人的一切傾向都是善的，都可以任意發展，這一點根本是錯誤的，像似魯梭的幻想。在他以前，斯密絲有了同樣的錯誤，以「同情」作爲道德的基礎。

聖西蒙和孔德的利他主義的倫理說，有以下的標語：「爲他人而生活」；「以愛情爲原則，以秩序爲基礎，以進步爲目的」。這學說的錯誤，在僅顧及到人類，而不顧及到個人幸福。但是人類無非是個人的集合，還是什麼呢？此外，孔德提倡這項人類的目的，根本是爲了否定公教自我天主的存在。

第二段　近代的神秘說

依照神秘派的主張，我們一切行爲的惟一動因，應該是愛天主，如福音經上載的：「第一條誡命，是用全心愛慕天主；第二條是因着天主的原故，愛慕近人如同自己；這兩條誡命，僅是一條」，這一派代表學者，可以舉出美國人愛默生和俄國人託爾斯泰。

愛默生（Emerson, 1803-1882）以爲人類有上進的精神；他又以爲，爲了成就精神和道德的進展，「意念」是萬能的。使人類得到幸福且担保道德的進展，不是機械，不是電池，而是人所信任的至善的理想。這種理想，在每一時代，現身於幾個代表人物；聖人．大慈善家和英雄。他們的眼光都是非常遠大，意志非常堅固，可以作別人的表率。

這種學說，倒是很有意義的，不過它有兩個錯誤：一，它是過於樂觀的，愛氏沒有見到「惡是很容易作的，而且又五花八門變化多端，善幾乎是獨一的」（巴斯卡爾的話）；二，這種學說過於偏重個人主義，愛默生錯想人應該拋開社會羈絆，才能實現道德的歸宿。

託爾斯泰（Tolstoi, 1828-1910）的意向像似愛氏的意志，但他的錯謬是更加嚴重的。他願意使聖賢作人類的領袖，不要科學家謀求人類的進展。稱之爲聖賢者，不是信任甚麼抽象的至善理想的人，而是愛和尋求具體的生活的人。人類只有一種規律：都要相愛和犧牲自己。這規律一旦在世間盛行了，人類就實現了完美的正義，和人心的大聯合，那就是天國臨格於地球之上了。——託爾斯泰的倫理學說，願意將福音上的理想，貢獻給人類，不過先是把這理想去掉了一大部份，又把剩餘的小部份充滿了猶太教的色彩。託氏深切了解，沒有道德的革新，社會的革新，是不能持久的；可是他爲了改善人類，所採用的方法，就是消滅任何社會的權威，實在太不高明了。福音上的天國，不是在世間所能完成的，而是在永久生活才有的。託爾斯泰不信這永久生活的存在，且願意把天國實行在世間上，這不過是危險的幻想，不能滿足人心的最深切的需要和願望。進一步說，託爾斯泰是個固執的個人主義者，他和魯梭一樣，相信人根本全是善的，他不懂得權威的原則和具體地代表權威的社會，為了提倡且保障人間的相當的正義，是絕對需要的，一九一七年的俄國大革命，正是託爾斯泰學說的變相的產物。

結論。

對於以上兩點，巴斯卡爾的倫理觀，就高明得多了。巴氏同時看清了人的偉大和人的軟弱。不論是在個人身上或是在全人類中，道德非和自然鬥爭，不能得到勝利。在這鬥爭中，人需要高於自己的權威者來扶助。這權威者是在社會中有他的代表人物的。

後者分兩種：一是管理現世的生活；一是管理來世生活的準備。這兩種，在人間，是道德的表現，人遵從了他們正當的命令，才有道德的進展，生活便利的增加，現世幸福的美滿，且準備身後生活的永久的幸福。惟有這身後的永久的生活，才能完成人類的進展，呈現正義和愛情的完美的勝利，而貢獻給人所願望的無限的幸福。

所以，愛情是不能與理智和意志相分離的，因爲善的實現，根本是屬於它們的。另一方面，善的實現，也須有情感的協助。愛天主愛人，對於道德是有密切關係的。這是一般神秘主義者，所供給我們的主義。

第四章 理論地倫理學的結論

在一切倫理問題中，我們遇到一種基本的難題，就是：「自然」是否足以引導人達到他生活究竟的目的？還是應該依靠高於自然的原則呢？

這件難題對萊布尼茲是容易解決的，因爲按他哲學的論調，自然和當然，就是「善」，都是從天主來的；凡是人類的活動，都有機械地進行，但這機械地進行，是由自由的原因所發動的。到了現代，「自然」和「當然」，有了深刻界限：實驗科學和宗教的信仰，各自尋求人間最高的權威；彷彿在中世紀，皇上和教宗各自尋求歐洲的霸權一樣。所以我們不得不質問：這兩個對立者究竟誰弄死誰呢？

這種倫理的鬥爭，是最嚴重的。現在有人希望，能建設純粹實驗科學式的倫理。學；它和任何宗教的信仰不相聯屬，那末，就是沒宗教了，道德仍然可以存在。意思是，他們以爲能有獨立的倫理學。

但是，他們的意見合理不合理？實際能不能有獨立的倫理學？再說，科學和宗教的鬥爭，除誰弄死誰以外，不能有旁的解決麽？

第一節　解決這些問題的方法

爲了解決這些精微的問題，適當的方法，是極主要的。的確，我們要選擇的解決，影響到我們整個的生活，而這解決，是隨着我們選出來的立場而變更的。所以必須選出適當的立場和適當的方法。

1. 擺在我們眼前的第一種方法，就是演繹科學內所用的純粹的推理法(Méthode conceptuelle) 它按照事物的明顯不明顯，去測量它們的真實。但是，我們一把這方法用到實際上，便不能發生效力。用它所引伸出來的結論，都是不着邊際的空言，和無盡無休的詭辯。推理法常拿不能証明的公準作出發點。所以我們用它能證明任何問題；例如：Zenon用它証明任何運動，都是不可能的。在純粹的論辯家的心目中，什麽都是真的，也就是什麽都不是真的。任何措定，都有對立的反措定。。。。。。

2. 第二種方法，是歸納法或歷史法，它基於事實的研究。但是，所謂歸納，都是証實；由理智証實的假設，也就不過是假定的演繹，所以我們的結論，是隨着我們的假設而不同。在人類的生活中，我們要選擇某種事實，便能從它們推到某種結論。但是，我們也能選擇別的事實，便能一樣合理地推到正相反的結論。

例如，研究蘇格拉底學說，見到他是推翻宗教的迷信，時時處處地求合理的証明，便要推到：他是成立了與宗教對立的倫理學。不過也能見到，蘇格拉底根本是神秘的宗教家，便由此要推到完全不同的結論。同樣，現在有人以爲科學家愈進步，天主愈退步；可是有別人符合萊布尼茲的論調，認爲科學的進步，能引人到天主跟前，因爲只有他是一切真理的根源。

所以，人類的歷史，要用道德的標準來解釋，而純粹的歷史法或經驗法，絕不能用在倫理的研究上。

3.所以倫理學應有特殊的方法，這方法還是理智的作用。但這種作用，並不是理智在實驗科學上所有的作用。在科學上，理智僅以擔保我們的概念或我們的假設與事實的調諧爲目的。在倫理上，却沒有物質式的事實，只有可認識的「至善」的理想。另一方面，實驗科學不能捉住事實的本身，僅求它們相互的必然的關係，和精確的量；而倫偏要抓住事實的本身。所以倫理要依據實踐的理智，就是依靠直覺的認識，依靠善意的，不求利益的，不自私的人們的信仰：就是良心。

第二節 倫理的基礎

上面所說的信仰，是拿什麼作基礎呢？獨立的倫理能不能有呢？爲了解決這些問題，我們要把道德的來源，效力和進步討論一下。

1.道德的來源。

倫理能否成爲獨立的科學，這先是事實的問題。但是事實告訴我們什麽呢？蘇格拉底把倫理組成科學，但他不是拿單純習俗的觀察作基礎，而是拿以至善的理想爲領導的觀察作基礎。在他心目中，這至善的理想，有宗教的來源。蘇格拉底不是在「自然」中而是在「宗教」中找到了「善」，就如康德不是在自然中而是在宗教中找到了義務一樣，也就如古代聖賢孔孟等，不是在自然中而是在天那裏找到了應走的天道一樣。在今日，「自然」還是依然如舊，但有些人，已經在裏頭找不着義務了，這是什麽緣故呢？是因爲他們沒有前人的宗教信仰了、而有相反的宗教信仰。所謂獨立的倫理，如果它們還是倫理的話，不去否認任何絕對的道德和絕對的義務，它們所以是倫理，僅是因爲它們還是含有從宗教信仰而來的一些觀念！如忠孝，正義，至善的理想等。這些觀念如果沒有宗教的基礎，都不過是些虛詞空言罷了。

2. 道德律的效力。在倫理上最主要而又最難作的事，不是義務的認識，而是義務的實踐。但爲了實踐義務，僅靠知識和推理，仍然是不足的，就是旁人的表率和善的教育，也是無能的；非有個人的善意不可。這個人的善意，常來自宗教的信仰。

3. 道德的進步。所謂獨立道德進步的原因，可以列舉如下：

a. 平等的傾向；

b. 偉大人物的勢力！

c. 料學，然而：

a. 人類傾向於平等，不是機械式的去適應新的事實和新的環境，而是努力去實現高於自己的正義的理想。馬充斯的歷史唯物論，誤解了這原則，所以由他的學說所生出來的社會主義和共產主義，絕對不能促成道德的進步。

b. 偉大的人物促進道德的實力，都是在代表至善的理想，又是在他們一心努力去實現它。所以道德的進步，還來自個人的信仰和個人的努力。這裡不用提到英雄轟轟烈烈的偉業，就是普通人的最卑微的，最平凡的善行，也同樣的能促進道德的進步。

c. 科學的進步，不能促成道德的進步，在現在這是一般人所公認的。科學的進步，能協助人達到道德的目的，但是在人心裡，先應有這道德的目的，不然的話，科學的進步，正足以促成道德的崩潰。另一方面，最大的科學的革命，是電的發現，跟道德的革命，如與基多教義的流傳來相比，這算什麼革命呢？

所以人要自繩個人的生活，不是順着自然界的事實或者大衆的習俗，而是順着至善的理想；只有它能使人的善行，或善行的公準有絕對的價值。人在實現這理想的當兒，又是依賴高於自己的實力。這理想在人心裡，比理智，比良心，比意志，更內在更高超。這實力就是天主。

第三節　道德超然的條件

自然科學都以觀察事物現象爲目的，以尋求它們的解釋。道德不僅限於這類的觀察，它暗含着下列三種要素：

一、對於「至善」理想的信仰；

二、實現這理想的希望；

三、對這理想的熱愛並同類的相愛。

但是「自然」不能賦給人這種信仰和實現這理想的希望。因爲「自然」完全限於事物的「然」，絲毫不管行爲的「當然」。「自然」更不能賦給人對這「理想」的熱愛，因爲熱愛含有犧牲自己的精神，而自然正反對這犧牲的精神。在自然中更沒有相愛，只有相吞。

所以應該在自然以外，尋求實現道德的條件。『不見而信的人，才是有福的』。但是人要願意有這種信仰，必須以「純淨的心」去尋求它。同樣希望和熱愛，也沒有「自然的」基礎；它們基於基多這兩句話：「爾旨承行於地如於天焉」，和「你們要在天主內彼此相愛」。

那麽，道德有「超然的」條件。道德在自然內，就是在人性內，是有根基的；不過這根基不是在攏統的人性，而是，在人性內所有的超人的部份。據此，道德的實現，不必和某種敬儀和某種教義相關聯。另一方面，非有敬儀和教義，道德的理想也不能成立，即如思想非有語言，靈魂非有身體，都不能成立一樣。此外，宗教既是整個的人，必有社會團體和教會的外形。純粹心內的宗教，不能成爲適於人的宗教了。

結論　依照上面所講的，宗教創立這至善的理想，而倫理從這理想中揀出一些適於人生不同環境的規則。宗教把理想供給於倫理，並奉獻給人去實現這理想所需要的毅力。宗教和倫理各有其工作的範圍：宗教注重個人的道德，倫理注重大衆的道德。但在個人道德和大衆道德之間，有極密切的關係，極密切的和諧，因爲「人應該犧牲性命，爲了獲得真正的，永久的，幸福的性命」。

可見，沒有獨立的倫理，宗教才能保障大衆的道德。就是有些人，行善僅因善的原故，不想到宗教的理由，這還是因着先有的宗教生活的習慣。假使他們不恢復這宗教的信仰和宗教的生活，不久以後，他們便不能抵抗行善的阻碍，有些人雖然沒有明顯的宗教信仰，還能有道德的生活；但他們實際上還是信有天主，因爲他們信認自己有良心，並人類的個人和團體生活都有道德的歸宿：他們不僅信認這一切，還是在行爲上去實現這道德的歸宿。這正是聖保祿那句話的意義：「誰尋求天主，誰就已經認識天主」。

我們對於倫理，可以引用萊布尼茲對於幾何的話、他說：「凡是事實，必以實際的實體爲根基：無宗教家能作幾何家，但是沒有天主，也就沒有幾何的對象」。一個人對天主沒有精確的信仰，還能度道德的生活；但是，沒有天主，也就不能有什麼道德。現代的倫理學說，因爲去掉了這道德的根基，所以淪落到毫無秩序的混亂中。

自然是譏笑道德的。誰能担保道德信仰，真是有實際的基礎？誰能担保義務不是騙人的幻想?——天主，只有天主能担保這一切。他是道德的創立者，又是我們永久命運的保障者。我們若肯承認的話，才可以了解自然内的擾亂，痛苦和罪惡。罪惡沒有惡的來源，而是人的自由的反映。痛苦根本不是悲哀的，因爲人要忍耐地去接受它，便能給自己預備永久的較大的幸福，我們若肯承認的話，才有高尚的人生觀。其餘的任何自然主義的人生觀，全是缺乏合理的基礎，又不能適應我們内心的一切需要。

附錄一

西洋古代倫理學撮要

1. 柏拉圖　他和他的老師蘇格拉底一樣，努力駁斥詭辯學派的理論。後者主張人是萬物的權衡，權利是暴力，沒有天然的權利，只有社會的契約。在柏拉圖的心目中，「善」和「美」是自存的，是超出用經驗可以感覺事物的「意念」，就是天主。道德是將行爲和「善的意念」相符合。

柏拉圖以爲道德是存於知識的。爲了能符合「善」，祇要認識它就夠了。沒有人是故意作惡的。柏拉圖又把道德與幸福看成一致的。受極刑的善人，在痛苦中，是有幸福的。因此他信認人是不死的。——政治的目的，在使民人度道德的生活；個人爲國家而生存，不是國家爲個人而生存。柏拉圖把這原理，推到極端，將私產和家庭取消，成爲共產制的矯矢。

2.亞利斯多德　在亞利斯多德看來，至善和幸福也是一致的。但幸福是從那裏來的呢？是從將自己的活動符合於自然而來的，所以人應努力將生活適合於自己的本性。人既是有理性的，人就應該度合理的生活。照他的見解，道德似乎是第二本性，是受理性管束的本性。道德是兩個極端間的中央，不是個幾何的中心，却是個合理的中庸。這中庸的實現，在個人的生活上，是由於一切能力的均衡。在社會生活上，是由於各等級的均衡。維持這均衡的兩個原子是：正義和友誼。亞利斯多德和柏拉圖跟一切古代學者一樣，是唯智論者，他以爲在這實踐的道德以上，還有靜觀的道德，就是用理智來效法「天主」思想的活動。亞氏和柏拉圖一樣，將個人隸屬於國家，並且把奴隸制度視爲合法的。

3.伊壁鳩魯　柏拉圖和亞利斯多德的倫理是主智的(intellectualiste)他們說：道德是生活和本性的調協，但所謂本性就是理性。伊壁鳩魯的倫理，是自然主義的倫理：他主張適合本性的生活，就是適合本性活動的自然律的生活。而人性活動的惟一的規律，是求快樂。不過快樂是有等級的，快樂都是自然的，但不都是必需的。對於尋求一些自然的，而不必需的快樂，應該加以限制。在身體的快樂以上，要追求精神的快樂。「善」就是智慧，無覺，或無擾。爲達到這目的，要把畏懼「神」，「死亡」和「命運」的心理掃除淨盡(ataraxie)。

4. 斯多亞派　正在公教準備使倫理復興的時候，歐洲又起了新的學派，稱爲斯多亞派。他們已經討論到幾個高尚的，後來也作爲公教倫理的基本觀念，即如：人的道德寧屬於意向，不屬於行爲：人人都要彼此相愛如弟兄。但這學說仍舊不捨去已往的倫理觀。它的道德原則還是：使生活適合於本性。人應該勉力在自己身上，實現自然的秩序和統一，因爲凡是自然的都是神性的。斯多亞派的學說是汎神主義和決定主義的。所以斯多亞學說，是忍受的倫理觀(de résignation passive)；他們以接受命運爲構成行爲價值的意向。賢者要只尋求屬於他的福利，至於不屬於他的福利，如健康，金錢等就不必追求；缺乏了也不必悲傷(見Epictete的著作)。另一方面，適於「本性」的生活，也是與同類協和的生活(見Marc Aurèle的著作)。

5. 結論

一切古代的倫理觀，都誤解了：

1. 節制人行爲的道德律；

2. 這道德律的主體：人的自由的意志。

所以他們的倫理，總是歸到適合自然，無論這「自然」是人的靈性，是命運，是美，或是快樂。

古人對於倫理雖極力地努力，就是蘇格拉底所致力的倫理革命，終究不免於失敗，這是因爲他們缺乏以上兩個由基多而來的基本概念，這些概念，才使人超越自然，高高立在自然以上，好能判斷它和抵抗它。

西洋近代倫理學概觀

西洋近代道德思想的發展，異常龐雜，此處僅能述其大略。笛卡兒(Descartes 1596-1650) 是近代哲學的始祖；可是他的重要興趣，在於形而上學。笛氏和他這一派的道德思想，不過將古代斯多亞派的學說，加以發揮而已。

可是，同時又有唯物論的思想發生，這是由加桑地 (Gassendi 1592-1655) 和霍布士 (Hobbes 1588-1679) 所領導。加氏是伊皮鳩魯的崇拜者，所以他致力發揮伊皮鳩魯的學說；霍氏的思想，比較獨立，他主張獲得權力是人類生活的最高目的。

與霍布士的思想正相反對的，有康白蘭(Cumberland 1632-1719)。康氏發揮人類的社會性及其較爲合理的天性。從此產生道德感覺派，這是由沙甫志培來(Shaftesbury 1971-1715) 和侯其孫(Hutcheson 1694-1747) 所倡導。按他們所說，人具有是非的直覺，正如人具有美醜的直覺一樣。這種道德的直覺，是由於人類的社會天性而定；凡是對於社會有利的，可以立刻知道是好的，凡是對於社會有害的，可以立刻覺出是不好的。由這種觀點，定出天然的分水界，從此發生數種不同的道德思想。

例如，有若干思想家，特別注意於辨別是非的直覺，於是而生出李特(Reid 1710-1790)及其門徒的直覺派(Intuitional school)。善惡的判斷是根於行爲的合理考察，有人特別注意於此，於是乃生洛克(Locke 1932-1704)克拉克(Clarke 1675-1729)吳拉斯頓(Wollaston 1659-1724)等理性派(Rational school)。理性派的思想，到康德而達到絕頂。以後康德派中又發生與柏拉圖及亞理士多德相似的觀點。這種觀點後來傳入英國，成爲格林(T. H. Green 1836-1882)布拉得列(Bradley 1846)鮑森開(Bosanquet)等的理想主義(Idealism)。此外，又有所謂功利主義(Utilitarianism)的道德論，這種主義注重道德感覺論中，主重社會福利的要素。

前面所述的直覺論，理性論和功利論，是近代道德思想主潮的三大派別，直至最近，又有進化論(Evolutionalism)及德國唯心論(German idealism)出現。

附錄二

中國倫理學說概觀

我國開化較早，賢哲輩出，倫理學說，當然代有發明，爾今雖時代變遷，不可獨行其是，但亦不應妄自卑棄，一味歐化，最好是就其重要者，重行估價，去其缺陷，取其精華，用以作爲行為的標準。

(一)唐虞時代的倫理思想　遠遡唐虞時代的倫理思想，是：「敬天」，「執中」，「家族主義」。那時所謂天，不表示物質的天，是指的無聲無臭亭毒萬物的「上天之宰」，所以敬天，就是有意義地去崇敬「上天之宰」。講到「中」字，就是作事不趨極端，但也不是毫無主見，游移兩可的意思。所以程子說：「不偏之謂中」。朱子說：「中者，不偏不倚，無過不及之名」。「中」是堯舜的根本思想。論語堯曰篇云：「咨！爾舜！天之曆數在爾躬，允執其中。四海困窮，天祿永終」。舜又把這根本思想傳授給禹，力加闡明，意義更覺明瞭，他說：「人心惟危，道心惟微；惟精惟一，允執厥中」。所謂「家族主義」就是特別重視自己本族的人。書經堯典中，說到堯的政策是：「克明峻德，以親九族；九族既睦，平章百姓；百姓昭明，和協萬邦，黎民於變時雍」。可見他把自己的族人，看得重於百姓。那時因爲崇奉家族主義，所以特重孝行。因之在孝經上有：「五行之屬三千，而罪莫大於不孝」的話。而不孝之中，又以「無後爲大」，從此而生出一夫多妻的惡風。

(二)三代的倫理思想　夏商周三代時，倫理界的最大變象，莫過於湯武革命。這種政變，雖然跟尊崇秩序的習慣不甚相合，可是孟子說過：「湯武革命，順乎天而應乎人」，這樣，跟「天視自我民視，天聽自我民聽」的倫理學說，並不衝突。至於道時的道德建設，在禮記大學篇可以看出它的全部輪廓，就是：「格物，致知，誠意，正心，修身，齊家，治國，平天下」。一般說來，商人的道德，可以墨家爲代表；周人的道德，可以儒家爲代表。現在把儒墨兩家的倫理學說，依次論列如左。

(三)孔子的倫理學說　孔子的倫理學說，是以仁，孝，忠恕，禮爲本。孔子把「仁」作爲完善的理想人格的歸宿，所以除去堯舜禹湯文武而外，他不輕易稱他人爲「仁」人。「仁」字的定義，是多方面的，有時將它解作「慈愛」，如孟子所說：「惻隱之心，仁之端也」；韓愈說：「博愛之謂仁」是。有時將它解作「利澤」，在孔子答子張問內他說：「能行五者於天下，爲仁矣」。「請問之」。曰：「恭寬，信，敏，惠。恭則不侮，寬則得衆，信則人任焉，敏則有功，惠則足以使人」。有時將它解作「厚重」，因爲論語上說：「君子篤於親，則民興於仁，故舊不遺，則民不偷」。有時將它解作「忠恕」，如論語所說：「夫仁者己欲立而立人，己達而達人」。有時將它解作「克己」，如論語云：「克己復禮爲仁」。還有人將以上五個定義，綜合於一個概念之中，而以慈愛爲中心點，就是「慈愛」的人自能「厚重」而「忠恕」；「慈愛」的效果，爲「利澤」；欲達此目的，非用「克苦」的手段不可。以下要論到「孝」。

孔子是主張以孝統攝諸行的，所以處常要養，要敬，遇變要能幾諫。父母亡了，要善於繼志述事，或則要幹父母之蠱。總之：修身，齊家，治國，平天下，皆統攝於孝。所以說：「孝者，始於事親，中於事君，終於立身」。這是家族制度演成倫理學說的一證。

論到忠恕，孔子曾說過：「忠恕違道不遠」。不過他說的忠恕，有消極和積極兩方面；「施諸己而不願，亦勿施於人」這是消極的；「己欲立而立人，己欲達而達人」，這是積極的。

禮是品節君臣，父子，夫婦，長幼，朋友等的分位而拿它維持社會組織的。它的意義，本是因時代而不同的。如周禮之禮，有制度的意思；儀禮之禮，有儀式的意思；曲禮之禮，有作法的意思。總之，古代之所謂禮，專指制度儀式作法等外面的形式。但孔子卻將先王之道的外面的禮儀，多少使它內面化，如：「定公問君使臣，臣事君，如之何？孔子對曰：君使臣以禮，臣事君以忠」，這是他使禮內面化，與忠成相對的。

孔子的門徒子思，在繼承孔子的學說而外，又提倡「中庸」和「誠」這兩種倫理學說。中庸學說本是濫觴於唐虞以來的執中主義，這並非一種德目，乃是衆德的普通標準，中者無過不及，庸者經久不易。子思作中庸實因那時，黃，老，楊，墨等思想盛行，儒教權威顯然低落，而道家鼓吹高遠的哲學思想，尤易壓倒注重實踐的常識的儒家思想。所以他在儒家的學說上，附以理論的根據，來反抗道家。

「誠」就是真實無妄。他以爲誠是宇宙的主動力，所以說：「誠者，物之終始，不誠無物」。

孟子的重要的倫理學說，是：性善，養氣，求放心。

性善一說，是孟子倫理思想的精髓。他說：「人性之善也，猶水之就下，人無有不善，水無有不下」。他的性善理由，由兩方面立論：一是理論的說明，就是由考証的觀點來引用古書，而演繹地主張性善，如論語所說：「性相近也，習相遠也」。中庸所說：「天命之謂性，率性之謂道」。雖未明言性善，但已假定性善了。一是實際的說明，就是以心理的事實爲基礎，歸納証明性善。他說：「今人乍見孺子將入於井，皆有怵惕惻隱之心；非所以内交於孺子之父母也，非所以要譽於鄉党朋友也，非惡其聲而然也。由是觀之，無惻隱之心，非人也；無羞惡之心，非人也；無辭讓之心，非人也；無是非之心，非人也」。他更進一步地說：「惻隱之心，仁之端也；羞惡之心，義之端也；辭讓之心，禮之端也；是非之心，智之端也。人之有是四端也，猶其有四體也」。既是這樣，人性當然是善的了。

所謂養氣就是修養浩然之氣，孟子以為要想發揮人性所固有的善，當養浩然之氣，至於何謂浩然之氣，他所下的定義是：「其爲氣也，至大至剛，以直養而無害，則塞乎天地之閒。其爲氣也，配義與道，無是餒也」。就是內省不疚，光明正大，俯仰天地之間而無愧怍的意思。

孟子雖然主張人性是善的，但是人受了私欲的誘惑和蒙蔽，往往放棄了良心，而不注意去追求，所以爲了恢復「性善」的本有狀態，要「求」回「放」棄了的良「心」。他就拿這作爲求學進德的主體，他說：『學問之道無他，求其放心而已矣』。

和孟子的倫理學說，正相反對的，是荀子的性惡論，禮論，樂論。他這種學說，雖然不免具有詭辯的色彩，但也不是沒有其片面的理由的。他對於孟子的性善論極力反對，他曾說過：「人之性惡，其善者僞也」。（不過荀子所謂僞，是人爲的意思，並非詐僞或虛僞）。他又申明所以如此的理由道：『今人之性，生而有好利焉；順是，故爭奪生而辭讓亡焉。生而有疾惡焉；順是，故殘賊生而忠信亡焉。生而有耳目之欲而好聲色焉；順是，故淫亂生而禮義文理亡焉。然則從人之性，順人之情，必出於爭奪，合於犯分亂理而歸於暴』。他又以爲聖人認禮義法度爲必要，就是預知人性本惡，非此不能矯正的。所以又說：『凡人之欲爲善者，爲性惡也。夫薄願厚，惡願美，狹願廣，，貧願富，賤願貴，苟無之中者，必求於外。故富而不願財，貴而不願勢，苟有之中者，必不及於外。用此觀之，人之欲爲善者，爲性惡也』。現在再看看他的禮論的觀點。

他說禮之所由起是這樣：『人生而有欲：欲而不得，則不能無求；求而無量度分界，則不能不爭；爭則亂，亂則窮。先王惡其亂也，故制禮義以分之，以養人之欲，給人之求』。意思是說，聖人作禮是用以矯正人性之惡，防遏社會之亂的。除禮以外，他又提倡樂。他以爲禮是節制身心的，是屬於消極方面；樂是感化性靈的，是屬於積極方面。但無禮之樂，易流於放恣；無樂之禮，又感到枯寂。所以他說：『夫音樂，入人也深，而化人也速；故先王謹爲之文。樂中平則民和而不流；樂肅莊則民齊而不亂；民和齊則兵勁而城固』。

朱子倫理學說概觀

朱子的倫理學說，是導源於他的宇宙論及人性論而來，在他的倫理學說中，以理想論與修爲論最爲明瞭，我們就來談一談他的理想論與修爲論吧。

理想論 朱子主張，道德的理想是仁。然而仁有廣義與狹義之分；他所主張的道德理想，是指的廣義的仁。所謂廣義的仁，就是以倫理的觀察，去考究宇宙本體的原理。理即太極，太極就是發生天地萬物的宇宙本體。太極即理，也就是無極，是超絕時間及空間，無始無終，永久不滅的，遍在於天地萬物間；仁就是存在於人類中的理，仁就是人的心，也就是道德的根本，仁義禮智這一切德行，都包含在仁之中。仁之中又有愛與智的成分。所以在人性中，自然備有愛，仁活動時，便發現愛，有時應愛而不愛，那是受到私情的蒙蔽。

修爲論 朱子以爲人的本然之性是善的，人的氣質之性乃有善惡，他以惡的由來，歸於氣質之性。他又提倡氣質變化說，以爲變化氣質，便能轉惡爲善。於是而有修爲論，所以發揮本然之性的絕對至善，也就是實現道德的最高理想——仁。修爲工夫有二大綱領，這是程伊川所提倡的居敬與窮理。

居敬 就是專一其心，涵養自己的德性，在中庸稱爲尊德性，孟子說是存心養性。敬有內外兩面工夫，省察是敬的內面工夫，靜坐是敬的外面工夫。靜坐是專一其心的最善方法，省察的功效，也是非常偉大的。所謂靜坐，是收斂其心，不使放縱，並不是坐禪入定，斷絕思慮。敬有死敬與活敬，遭遇實際事件，而不能辨其是非，便是死敬，無念無想，如坐禪入定，也是死敬。修爲工夫，當然以活敬爲要。靜坐與存夜氣，也是必要的，夜氣就是夜間私心安靜的精神狀態；存夜氣就是發揮良心的光明，以體認自家的居敬工夫。

窮理 就是大學所說的致知格物。致知是推廣我人的知識，格物是究研事物的原理。窮理與居敬，是修爲工夫二大要綱，相需相待，缺一不可。但是窮理是第一步，蓋必先知正道，然後實行。不知其理而行 固爲妄行，知其理而不行，是爲徒知。所以按先後說，必要先知；按輕重說，必須重德。

批評　朱子是集中國思想的大成者，真可稱爲一位博學多識的大偉人。他將中國古今思想，包羅於自己腹中，加以系統的排列，組成有異彩的大學說。他所有的惟一缺點，就是無新異獨創的意見，有些矛盾，曖昧，說明不足之點，這不過是美中不足，是不能掩遮他的偉大功績的。

第二　道家的倫理學說

道家的思想和儒家的思想，完全不同。儒家的思想是實際的、具體的；道家的思想是理論的，抽象的。原因是在於我國南北兩方風氣的迴殊。北方生活困難，所以發生嚴肅的實踐道德說。南方生活容易，所以發生一種富有哲學意味的學說，厭道德人爲的檢束，而樂無爲自然之化，要明白這種學說，可看老子和莊子的主張。

老子的倫理學說是根據他的哲學學說的。他的哲學學說，是以「道」爲宇宙本體的。而他所謂之「道」，是：（一）超越認識；（二）超越時間及空間；（三）超越因果律；（四）超越相對界；（五）先天地萬物而獨立存在的，就是天地萬物的本體。但「道」是靜虛的，故萬物的本體亦靜虛，要當純任自然，復歸於靜虛之境。所以他的倫理學說有「復自然」，「斥積極」，「清靜恬淡」，「謙下不爭」等等主張。

怎麼叫作「復自然」呢？老子以爲太古的人，無爲自然，不知名利爲何物，所以能完成大道。後世因生智慧，爲人事所拘束，世遂因之而亂。而聖人倡禮樂仁義之說來救世，實是不察其本。所以他說：『大道廢有仁義，智慧出有大僞；六親不和有慈孝，國家昏亂有忠臣』。又說：『絕聖棄智，民利百倍；絕仁棄義，民復孝慈，絕功棄私，盜賊無有；聖人不死，大盜不止』。

怎麼叫作「斥積極」？老子以爲與其有爲而失敗，毋寧無爲而安全；所以盛稱以柔制剛，以雌制雄，以黑制白，以辱制榮的益處，所以他所提倡的斥積極，就是取消進取，趨向消極的意思。

怎麽叫作「清靜恬淡」呢？清靜恬淡，就是斷名利絶智慧。他以爲名利的心，是罪惡的基礎；而智慧愈進，欲心亦愈向上，因爲要滿足欲心，終必至於違背大道。所以要復歸大道，必絶名利，去智慧才可。

怎麽叫作「謙下不爭」呢？謙下不爭，就是謙卑自下，與人無爭的意思。所以他說：「上善若水。水善利萬物而不爭，處衆人之所惡，故幾於道」。又說：『夫唯不爭，故無尤』。還有『不敢爲天下先，故能成器長』等等的話。

和老子的倫理學說相仿的，是莊子的倫理學說，老莊的思想，根本是相同的，不過後者把它擴大些。他的消極主張，是在除去一切的賞罰毁譽，使人各事其所事，各得其所得。固用不着損人利己，也用不着損己利人；就是叫大家皆把善惡的差別忘卻了。至其積極的主張，是在不爲世間的生死禍福所動，而把一切的忮求恐怖的念頭除去，自然就用不着什麽禮教了。

至於他的道德觀，也有其特點，他以爲道德是隨時隨地而異的。所以他說：『

水行無若用舟，陸行無若用車。以舟之可行於水也，而推之於陸，則沒世而不行尋常。古今非水陸耶？周魯非舟車耶？今蘄行周於魯，猶推舟於陸，勞而無功，必及於殃。夫禮義法度，應時而變者也。今取猨狙而衣以周公之服，彼必齕齧攫裂，盡去之而後慊。古今之異，猶猨狙之於周公也」。

和儒道的倫理思想鼎足而立的，還有墨家的倫理思想，他的學說，主張兼愛和勤儉。明鬼和尊天。

「兼愛」就是愛人如愛己的意思，愛自己的親和愛他人的親一樣。他把兼愛的反面，叫作「別愛」。別愛就是自己和他人之間的愛，有厚薄差別。所以他說：「盜愛其實，不愛其異實，故竊異實以利其實。賊愛其身，不愛人，故賊人以利其身。此何也？皆由不相愛。雖至大夫之相亂家，諸侯之相攻國者，亦然。大夫·各愛其家，不愛異家，故亂異家以利其家。諸侯各愛其國，不愛異國，故攻異國以利其國。天下之亂物，具此而已矣。察此何自起，皆起不相愛。若使天下兼相愛，則國與國不相攻，家與家不相亂，盜賊無有，君臣父子皆能孝慈，若此則天下治。

墨子以爲要想達到兼愛主義，不可不設法剷除那爭奪之原。而爭奪之原在於貧乏，貧乏之原在於奢惰。所以他著節用來戒財物的浪費，獎勵人口的增殖和產業的振興。又以厚葬久喪，有反節儉，所以又著節葬。更以在上者如耽音樂，就易怠於政治，不知利國福民。萬民如耽於音樂，就要怠自己的職務，而失卻資產，所以又著非樂。

墨子的整個學說，以「有神論」爲基礎。他以罪惡之所由生，是從不明鬼神之能賞賢罰暴而來。他說：「今若使天下之人，偕若信鬼神之能賞賢而罰暴也，則夫天下豈亂哉」。所以他著有頗具神學意味的明鬼一篇，述鬼神的種類及性質極爲完備。他以爲鬼神皆統攝於「天」，所以他又倡「法天」一說。

儒家尊天，是以天道爲社會的法則，但對於天之所以當尊，天道之所以可法，未曾詳論。到墨子才闡明其中的理由，他在法儀一篇內說：『天下從事者，不可以無法儀。無法儀而其事能成者，無有。雖至士之爲將相者皆有法，雖至百工從事者亦皆有法。百工爲方以矩，爲圓以規，直以繩，正以縣。無巧工不巧工，皆以此五者爲法』。『故百工從事皆有法所度。今大者治天下，其次治大國，而無法所度，此不若百工辨也』。墨子以爲法其父母，法其學，法其君，固宜，而均不免於不仁，不可以爲法，在這相對世界中，既不能有保其絕對尊嚴者，所以吾人所可法者，非有全知全能，永保其絕對尊嚴，而不與時地爲推移者，不足以當之，然則非天而誰，所以他說：『莫若法天。天之行廣而無私，其施厚而不德，其明久而不衰，故聖王法之』。既以天爲法，動作有爲，必度於天，天所欲則爲，所不欲則止。

人既以天爲法，所以吾人的行止，要取決於天意，墨子又繼承前文，而加以推論說：『天何欲何惡，天必欲人之相愛相利，而不欲人之相惡相賊也。奚以知之，以其兼而愛之，兼而利之也。奚以知其兼愛之而兼利之，以其兼而有之兼而食之也。今天下無大小國，皆天之邑也，人無幼長貴賤，皆天之臣也』。『故曰愛人利人者，天必福之，惡人賊人者，天必禍之」。「是以天欲人相愛相利，而不欲人相惡相賊也」。

墨子主張兼愛、法天，他的學說跟公教的旨趣頗爲接近，他的明鬼節葬等說，亦含有尊靈魂輕體魄之意，墨家鉅子，兼有殺身以殉學者，所以墨學在中國的倫理學說中，見解是最正確最完備的。

由漢唐以至遜清，在倫理學界能立一家言的，可說是寥寥無幾。即便有之，也不過是引申儒家的舊說，並沒有新穎的創見，其中主要的，首推王陽明的倫理學說。他主張：「心即理」；「致良知」；「知行合一」。他所主張的心即理，原本是陸象山所倡導的「心即理」的說法，陸氏又說：「心，一也；人安有二心」。王陽明不過加以疏解與証明。他說：「此物此理，不外於我心，於我心外求物理，無物理。遺物理而求我心，我心又何物耶」？這是他的「心理」一元論。他又繼陸象山的遺志，力駁朱子一派的二元論說：「心與理析而爲二，而精一之學亡。世儒支離，外索刑名器數之末，以求明其所謂理，而不知吾心即物，初不假於外也」。

「致良知」 良知良能，本來是孟子的話。良知，就是人所不學而知道的。換言之：就是先天固有的。但陽明的良知，較孟子的良知意味加廣。他以爲良知與心同，虛靈明覺，有識別善惡的能力。不過良心既爲先天的，不善由何而來呢？他以爲物欲把良心蔽着，而喪失他的本來之明，就生不善，所以必得致良知，使百行皆中節。而所謂致良知，就是明良心。也就是養識別善惡的能力，以成行善避惡的習慣。

「知行合一」 這種學說，也是針對朱子的學說而來的。朱子主張先知後行，所以他以窮理格物爲先，陽明不然，他說：「知是行之始，行是知之成。知外無行，行外無知」。又說：「知之真切篤實處便是行，行之明覺精密處便是知」。總之：知是理論，理想，行是實際，實現；兩者有相需相補的性質，關係等於一物之有兩面，必互爲表裡而共存，離就不能存在。這就是他知行合一的要旨。

他所謂致良知的實踐工夫，有靜和動兩種：靜的工夫，是靜坐澄心；動的工夫，是事實上的磨練。因爲他以爲心是動靜兩兼的，若與世間絶交涉，靜坐而入於無念無想之境，於收心雖然有效，但一旦處事，就不免有所動搖，所以非就實際事物磨練不可。

總之，中國倫理界的傳統思想，是「尊天」，「敬長」。天地君親師，仁義禮智信等觀念，在中華民族的心目中，具有深固不拔的根株。人格道德爲社會的超然制裁能力。愛和平，尊自由，是中華民族的共同主張，這都是由忠恕二字而得的成果。

由此可見，中國的倫理思想，在「對己」「對人」「對神」各方面，皆有完美的資料，可作吾人言行動作的準繩，再加以純正宗教教義的陶冶，那真是道德界的一朵奇葩，這是我們足以自豪的，更是我們應當視爲珍寶而切實奉行的！

第二篇　實踐的倫理學

倫理是研究我們行爲規律的一門科學。在它討論規律或原則時，它是理論；在這些規律，節制我們的行為時，它是實踐了。

理論的倫理和實踐的倫理底關係

在倫理上，理倫和實踐是絕不能分開的。思想沒有活動的協助，是不會發生功效的，活動沒有思想的協助，是盲目的。前者有陷於「紙上談兵」的危險；後者有陷於僅靠暴力不顧正義的危險。在思想和行爲之間，不須有衝突，却應有優然的調諧。

1. 論理不能缺少實踐

如果我們不願意將行爲符合於理論，那末，理論還有什麽用呢？只講理論而不作善良的模範是不能感動他人的；「以身作則」的功效，比說話大得多。評判樹的優劣，是看它所結的果子，評判理論的優劣，也看它所發生的行爲。要願意獲得任何徹底的認識，非要從事去實行不可。有個炭匠說過：「理論好是好的，但總是不透徹的。你願意學製炭，你就應該製炭，你靠着念書，念到死也作不了炭匠」。

任何科學都應有專門技術的訓練：軍官，醫生，或工程師，除去學識以外，更需要經驗和判斷力。這兩種素質，比學理的認識更爲重要。

在道德方面，只用實踐和努力，才能達到「真」與「善」的目的。惡人犯罪，是由於惡意不是由於意識的缺欠。爲了行善，僅認識善，是不夠的，還應該决意去作。因爲「善」往往跟我們的偏情相反，是不易實現的，「行善如登，作惡如崩」，非有努力和犧牲，是作不到的。此外，有人雖然對於善，缺乏清楚的理論的認識，還是能實行它。所以倫理學的知識，不是用理智認識善的結果，而是用善意，求善的實現的結果。在巴斯加所著的耶穌的奧跡（Le mystère de Jésus）一書内，天主向悲哀的人說：「放心吧！你不是已經真找着了我，你便不來找我」。那末，爲了找着天主，意思就是爲了明顯地認得應行的善，第一，要找它；第二，要實際愛它，就是行善。倫理的實踐，是倫理知識的樞紐。

2. 實踐不能缺乏理論。

我們所說的實踐，絕不是淺薄的行爲，或者盲目的衝動，却是充滿知識和理論的實踐。我們的活動，若沒有高尚的原則來感發，來指導，常是猶豫不決，走入歧途。誰符合康德所認爲實踐是超越理論的，誰要冒大錯的危險，早晚要用行爲去辯駁行爲，用行爲的結果，而不用行爲和「善」的符合不符合，去判斷行爲的價值。

將倫理的理論，一律歸於習俗的認識，也是極危險的學說。我們絕不能承認這學說的基本論調，就是，沒有什麼理論的倫理學，只有幾條相對的實踐的規則，倫理學也不過是習俗學了。

倫理學除去習俗學的認識以外，至少要注意到下列三項：

一，不能與習俗還原的責任心；

二，責任的基礎，就是節制自律意志的道德律；

三，這道德律的創立者就是天主。

責任心，道德律和天主三項，是理論認識的對象。

爲什麽有些哲學家否認這三項呢？是因爲他們除了推理以外，不承認再有別的理論的認識。任何主智論都有相同的原始公準，就是：倫理如果是一種認識，只能是推理的知識；希臘人說，是演繹的知識；現代社會學者說，是歸納的知識；他們就把倫理學歸於一種社會的衛生學。

實驗科學的理論，都是觀察和推理的結果。倫理的認識或理論，却不是這樣；它不用抽象的實驗作根基，因爲任何抽象的實驗還是理智的工作，倫理的認識是直覺的認識，或信仰；它是以理智·意志和心意爲依據的，而不是依據單純的理智的理論。倫理的認識或道德的經驗，是與實際接觸後而證實的形而上學的信仰。

結論　作人有兩件不可缺少的素質：至善的理想和健強的意志。倫理的特徵，就在倫理的理論，正是實踐的理論，而倫理的實踐正是理想的或理論的實現。所以倫理的對象是實踐的理想，就是由理智所指定的，由意志所實行的理想。因此在倫理上不能把理論和實踐分開，把認識和意志分開，把義務的實質和義務的形式分開。那末，倫理學者最重要的職責，是規定出人怎樣去實現道德的理想，就是規定出我們對己和對社會的義務。

第一章　私人道德

第一節　能不能有私人的道德

現在有些學者特別是社會學者，以爲沒有什麽私人的道德。杜爾克亨說：“純粹對自身的義務，都不過是多餘的奢侈品；它們不屬於道德的範圍，却屬於美學的範圍；僅對於私人有害處，而不防害社會，不受社會制裁的行爲，就道德觀點看來，總不能視爲惡的。

我們不能符合杜爾克亨的話，如果說：沒有純粹個人的義務，因爲我們的一切行爲，都影響到社會，當然我們還不反對。因爲連最嚴格的對於自身的義務，如潔德也有社會的影響。但是能不能說是沒有私人的道德呢？能不能說任何義務僅按照它有社會的影響，才是應盡的呢？不能。

1. 責任心是自身的直覺，是由個人的良心所賜與的。誰把私人道德看作奢侈品，誰不能了解一些對於自身的發展由良心嚴格命令的義務。社會學家設法，將這責任心，視爲束縛意志的範籬，視爲從最古以來，所流傳的「塔布」。產生恐懼心的東西。但是英雄爲大衆福利而犧牲自己，是最高道德的表現，決不能用恐懼心來解釋。

2. 這種學說，又誤解了道德的基礎和道德的歸宿。道德是基於人格之上的，它的歸宿是人格的發展，社會道德和整個社會的組織，僅以個人道德的發展爲目的。個人道德的進展，才是社會進展的試金石。

3. 我們關於個人和對自身義務的意念，當然暗含着，個人是超越自己的，且具有不受他的支配而是支配他的高尚的志向，個人不是獨立的立法者，却隸屬於高於自身的至善的理想。他的道德的和生理的生活，都是屬於一位超然的實體之下，就是天主。那些僞學派否認天主與人類有主僕的關係，當然緊隨着去否認任何對自身的義務。

第二節　對自身的義務

第一段　關於身體的義務

對於我們的身體，不可太放縱，也不可太克制。

1. 爲了達到道德的目的，相當的節慾（ascetisme）是合理的。誰打算管束自己，誰不能不實行它。歷代特出的人物，如：聖伯爾納多，聖依納爵，巴斯卡爾等，爲了實現極高的理想，都行過極端的禁慾。但是節慾僅是達到目的的手段，如獲得身體的健康，理智的和良心的清醒等，絕不能視爲獨立的人生的目的。所以真正的節慾，不能跟輕慢身體的精神和印度苦修者的狂心，混爲一談。心靈穩定，意志堅強的人，應具有健全強壯的，堪以負起責任的身體。若是身體不健全，精神也要受到影響，所以羅馬詩家久沃納爾(yuvenal) 禱告神，求他們賞給他「健全的精神寓於健全的身體」(mens sana in corpore sano.)。

2.另一方面，過於放縱，也足以破壞身靈間的平衡。醉酒(註)，淫亂等都足使人墮落，這些行爲，對於個人和他的後代，都有莫大的損害，至少也要低減他的人格。

(註)常用酒無論是正用或濫用，都是貪饕最危險的一種形式。凡是酒，都對人有害。借酒消愁，是錯誤的俗語。我們不要想，醉了才是有害的；就是天天少喝，也是不良的習慣。

人一喝酒，以先覺到痛快：精神百倍，通體舒適。(甚至有人用其他刺激品恢復精力)。其實這些效果，僅是片刻的；因爲酗酒對於人體，道德各方面，常是害多利少的。就是天天少用，也要發生同樣的效果。

酒減低人格：酒後無德。

酒麻醉精神，吃酒先覺得精神的愉快，但不久以後，緊隨着精神的苦悶，喝一杯酒，就像疲勞的馬受到一次鞭策，在表面上，牠像似增强體力，而實際上，使牠失盡體力。

酒損害身體，因爲它侵蝕胃壁；從此發生種種胃病，它使肝臟變形，或者消減，或者增大肝的容量，使腎臟充血，使脈管硬化，足以引起各種心臟病。終究，肺部，腦部，或全部神經系，都受到禍害。身體既然衰弱了，傳染病自然易於攻入，特別是肺結核病。

酒能損害精神，因爲它使理智昏瞶（狂人中有三分之一以上，是酒徒或酒徒的子女），使意志薄弱，使心氣枯衰，所以飲酒是犯罪與自殺的常有的原因。

我們要切記着，下面這幾條原則，作我們一生的指導：

1. 少量的酒（並談不到飲酒），對於健康的成人能是無害的；

2. 酒絕對不是必需品；

3. 一部的或完全的禁酒，正合乎道德，現在更是要緊的，因爲全世界都受到酒的慘害。

4. 我們不要以爲自己與這種劣行是完全絕緣的。良好的教育，理智與心靈的最高能力，都不足以保障我們。有多少名人：詩人，藝術家，哲學家，政治家等，都墮落在這條路上。只有實行克苦，訓練自己的抗力，才是可靠的保障。

飲酒以外，人還有更大的隱敵，時時刻刻地向他作猛烈的攻擊。身體精神和道德，因而受到極嚴重的摧殘和損失。却還有人把它當作惟一的至友，和惟一的樂園。這隱敵就是毒品，人用它的時候，彷彿失去了理智的作用，絲毫見不到它的害處，一味追求片刻的安樂，如醉如狂地向着墳墓奔去。

毒品有慢性有急性的。鴉片是慢性毒品；它雖然傷害身體，可是在三五年內，還不致於有性命的危險。惟有富含麻醉性的急性毒品，一經沾染，眞是如火燒身，不易戒除；這就是白面，紅丸，金丹，嗎啡等。無論是抽的，扎的，吞的，……幾天的工夫，就能上癮，以後必須隨時增加份量，萬一中斷，眞有說不出的難過，要想種種法子來過癮。人有了幾個月的癮，就能把健康的身體，豐裕的面貌，變成瘦弱枯槁，非人非鬼的樣子。至多五六年，少則二三年，準要血液枯乾，甚至……潰爛而死，這是多麼可悲慘的呀！

所以青年，切不可和這種毒品相接近，不要存着好奇心，去作這危險的嘗試，無論志向如何堅決，心性如何勇毅，一經和它接觸，便能把決心掠去，眼看多少有爲的青年，是這樣上了圈套，而斷送了終身。

盧陶斯落斯基(Lutoslawsky)說：「只有不爲淫慾所牽累的人，才能成爲民衆的領袖和救援者」。生平有所建樹，有所成就的人，寧是會節制淫慾的人，而不是有大天才的人。就是實行獨身主義，對於身體的健康也是有益而無害。這是醫生所公認的；對於服務大衆，謀求且提高大衆的道德等事業，獨身的生活，差不多是理

想的生活方式，常應該有一些人去實行這種生活，從此社會才可以復興。

3 自殺是絕對不能作的，自殺是違背對自己的對社會的和對天主的義務。特別是天主，他賜給了我們生命，只有他能規定我們生命的終結。所以不能拿，什麼生活的壓迫，什麼失戀，什麼人言可畏，無面見人作藉口；這些都不能用作掩飾自殺的理由。自殺不表示勇敢而是在生活鬥爭中，鬧小差而已。

在文化衰退和家庭道德，社會關係，宗教精神和責任心最鬆弛的社會中，自殺者最多。

自殺不能與捨生取義和盡忠殉難，相提並論。如在南極探險隊中，有司考脫(Scott)氏的一個同伴，為保全全隊的性命，情願把自己的性命犧牲了；他身染重病，不願意叫全隊等待他；或者在戰時，用炮藥去炸平炮壘，而同歸於盡的兵士，和在飛機潛艇中的敢死駕駛員，都是我們應該頌揚的英雄。

第二段　關於靈魂的義務

靈魂具有三種根本的機能，就是：心情，理智，和意志。

1. 對於心情，不必過於放縱，（伊壁鳩魯的謬說），也不必過於嚴肅（康德和斯圖亞派的謬說）。心情應受理智的指導，和意志的扶持，不然我們的行為，便很容易走入歧途。但是熱情和興奮，還是從心情得來的：偉大的思想，正確的意念，都是從心裡生出來的，因為依着巴斯加的話，有些事實，人的心能直覺而理智不能領會。心情還能助成人的行為，使人感覺到愉快和寬慰。

2. 對理智不必使它畸形地去發展，怕的是人要因此變成枯木死灰；唯智主義，是最壞不過的。另一方面，我們應該發展理智，求種種學識：教育是不能缺少的；強迫教育的制度，有極好的結果，但，教育要和德育聯合在一齊，德育是對心靈和意志的訓練。我們反對盧騷的主張，並肯定學問對於道德是有益的。進一步說：若是我們承認，道德是人的一切的最高標準，承認「偶然」和「自由」，「善」和「天主」才是唯一的實際，那末我們不用畏懼科學的進步會毀滅我們的理想，和我們的道德信仰了。萊布尼茲說：「不完全的科學使人離開天主，較完全的科學，却把人回引到天主跟前」。所以人對於理智的主要義務就是「勿自欺，對於自己誠實」。

3. 意志的本德是勇敢。所謂勇敢，並不是鹵莽冒失，好勇鬥狠的意思，這是一種倫理的毅力，一種有益的紀律，使人服從於至善的理想，從這理想中，獲得生的原因，有時，並獲得死的理由。

剛毅的性格，是人最珍貴的道德，這種性格，特別在軍事生活中，更有發展的機會。在那裡是極純潔，極圓滿地激發着，肯定着。但是兵士的勇敢，在犧牲自己的工作上，雖然達到最高的階級，還不是勇敢的全面。除它以外，有另一種勇敢，不論優越不及前者，論功績却不稍減於它，就是每日恒心實行一切微卑的義務，不斷地克制自己的那種勇敢。

意志應該領導我們的思想。鮑須哀說：「你在磨石下放什麽粒子，磨石要磨什麽粒子」。所以我們要拿潔淨而又純潔的想像，放在記憶中，這樣我們的想像力．無論如何動蕩，在我們心中，只充滿着潔净而又純潔事物的「本質」。

意志還應該决定我們一生的方針，它應該支配我們的行爲，它從困苦艱難中汲取毅力的原素，它反抗外力的壓迫，並利用外力，以達到更高的目的。在這種「自己練鍛自己的緩慢工作中，我們要注意到我們的人格的尊高，和我們的自律。但同時還要保持謙遜自下的態度。真正的謙遜，就是徹悟人格的偉大，和它的輭弱與缺欠，是承認我們自身所有的優點，一大部份是從社會，家庭和天主來的，這樣的自覺，能消滅自私和驕傲」。

結論　人應該自己製造自己的命運。人人都要拿高乃而（Corneille）英雄的這句話作格言：「我是自己的主宰，又是全宇宙的主宰」。人不但要製造自己世上的命運，更要製造自己身後永遠的命運。因此人要注意到下列兩點：

一，人生是有意義的；

二，這人生的意義，不僅是理智啓示給我們的，而它的一大部份是由我們的意志所創造的。入格的偉大，寧在堅強的性格，不在豐富的學識。

人要注意到這兩點，才能和協地發展他的一切能力，爲了實現高尚的目標，去成全自己。私人道德的最高規律是福音上的這條命令：「你們要成全，如同你們在天的父那樣成全」。為了達到這高尚的目的，純粹理想的理想，是不足的。理想還應該是實在的，是具體的，即如：拿友誼和朋友相比；理想的友誼，不足以使我們得到圓滿；我們有了好的朋友，才能辦得到。同樣，理想的善，是不能充滿人心的，只有我們能愛慕的，能欽崇的，一位具體的，無限可愛慕的天主，才能滿足我們心裏的願望。因此對自身的義務，必然地以對天主的義務爲終點；後者是前者的基礎。

另一方面，人既然是社會的動物，非有認識並實現自己對社會的義務，也不能完全成全自己。因此，對自身義務的討論引導我們去討論社會的義務。私人道德和社會道德是互相交叉的。人要善盡對旁人的義務，大方地求大衆的福利，在必要時不惜爲同類犧牲自己的一切，甚至牲犧性命，才能達到完美的成全自身的目的。這裏又有福音的話能作準則：「誰不願意犧牲自己的生命，誰不能獲得真正的生命」。

第二章 社會道德

第一節 倫理的相聯

人人都有不可脫離的相聯的關係，這些關係受到道德的支配。我們在這裡將支配人類相聯關係的道德，稱爲倫理的相聯(Solidarité)。

倫理的相聯，有時間的和空間的形式。一是我們自己行爲的相聯的關係；一是我們的行爲和我們所處的社會之間的相聯的關係；這兩種關係，也可以說是目前和以往或目前和未來相聯的關係。全人類的互相聯帶關係，並不是近代才發現的事實，它已經是一個極顯明的事實，在希伯來民族中所傳下來的，關於原罪的教義，表示人已經認識了這種聯帶，鮑蘇哀說：「天主將原祖和他的子孫，如此密切地聯合起來，就是原祖在子孫身上，能夠受到報答或報應」。聖保祿宗徒講，凡是人都是一個神妙身體的肢體，也表示同樣的意思。

1. 人對自己的相聯關係。人現在的境況和以往相聯。所謂以往，就是他祖先的和自己以往的生活。人目前的境況，是他祖先的和自己的各種習慣的結果，因此我們應該極謹慎地注意到我們的行爲，因爲它們都要影響到我們的未來。

2. 對社會的相聯關係。這種相聯是個人和他所隸屬的團體所有的關係。這樣的團體有下列各種：一是家庭，家長的言行和前輩的儀表，影響到後輩的道德。一是學校或職業團體，師長和同伴的影響也很大。一是各階級所特有的遺傳，風俗，思想，和成見，常散播到各個份子。一是國家和宗教團體，都有特殊的勢力。一是全人類：政治的，科學的，道德的或宗教的革命，在每人所發生的相當的反映，表示國際的相聯。

3. 相聯和道德的關係。

a. 相聯極能減輕個人的責任，因爲遺傳，外界的誘惑，和所受的教育，都能限制人的自由，但是永不能完全毀滅它。

b. 就另一觀念看來，相聯能增加個人的責任，因爲人的每一行爲，對社會有極大的影響，它能引導別人隨着我們的表率行善或作惡。

c. 相聯關係底實際的表現，就是權威。相聯的意義，不是平等，却是極複雜的相屬的關係。在社會分子中，有高下的區別，有經驗的人教導年輕的人，還是很合理的，很需要的。可是，權威不是暴虐，因爲世間的任何權威，都多少代表天主的權威。我們不要僅由於模仿或畏懼的心理去服從權威，而在它以內要尊敬它所代表的「超然的根原」。

就是盧騷在他所著的愛彌兒一書中，曾經表示了非用權威不能引人實踐道德。

有人以爲，有些信仰不能傳授給不能辨別真僞的孩童，這是顯明的詭辯。愛國的父母，從小教訓子女愛本國的熱誠、絕不等到子女達到成人的時候，問他：「你願意屬於什麽國呢」？這樣的教訓能極合理地運用到任何父母所認爲正當的信仰。權威才能訓練兒童的自由，使他以後能自由地判別真偽。人無論如何堅决、總要受到別人的影響；所以應該使家庭的或「正人君子」的正當的影響，代替壞人的影響。自然的，人要回到所應站的位置。人類的進展，是仗賴傳統的經驗和教訓。

4. 相聯的各種根基：

一是「同情」，這是由於天然羣居生活而來的；

一是所期望的福利；

一是科學的，經濟的和社會生活的進步，特別是由分工合作而得的進步。有人以爲，這件社會的事實，足以作相聯的根基，不用求別的。

雷雍佈而如亞（Léon Bourgeois）說：「人的相聯是社會的事實，它是支配人類的法律，就像墮性原則支配宇宙一樣」。「相聯」表示彼此間的隸屬。我們生到世上來，不僅承受了祖先的產業，也還要承受各種欠債，社會能強迫我們去還債，因此在社會生活中，不用「博愛」或「友誼」，祇有正義就夠了。所謂正義，又不過是「相聯」事實的表現，相聯是一種「準契約」，把人類的生活連合起來，使他們共同負起社會的責任，得到相當的福利。

批評　這種學說指明我們對於他人的義務，並指明正義的範圍實在很大；但要想僅拿「自然」或「社會」所呈現的事實作相聯的根基，是辦不到的。

a. 在動物界中，所遇到的寧是競爭和暴力，而沒有什麼相聯。自然界正是擾攘不休，爭奪相吞的戰場。

b. 祇有人類是例外的，他們不去自相毀滅，反倒設法相帮，這是爲什麼原故呢？這是因爲他們超越自然以上，而判斷自然；因爲他們信仰正義：特別是因爲在他們的心中，還有博愛的觀念。

純粹以法學爲標準，以社會自然爲基礎的倫理學不足以解釋倫理的相聯，旁人不是故意的而是必須的遺留給我們的產業，這還算是我們的欠債麼？我們對於社會當然是有債的，因爲我們大部份的利益，是從它得來的；但僅就事實方面講，我們是否應該對於他人顯出知恩報德的心，並爲他人犧牲自己呢？這並不一定；因爲，社會固然給了我們好處，同時也給了我們不少的壞處，缺點，和重大的負担。倘若把一切義務，都基於嚴格的正義上，那末窮苦的貧民，對於社會還有什麼責任呢？

相聯根本是倫理的觀念；它是人盡義務和享受權利的根原，使它去犧牲自己。還樣相聯並不基於任何自然，而是基於超越自然以上的原則。所以要用道德的博愛觀念來補充社會的相聯觀念。這博愛是社會相聯的根基；它不是從社會和經濟的事實中生出來的，而是從人格是有價值的信仰生出來的。博愛不能還原到嚴格的正義，反之若沒有博愛，也就沒有正義和社會的相聯了。

第二節　正義和博愛

上述的結果，引導我們去討論，正義和博愛相互的關係。正義和博愛的意義，可以用下到兩句說明：

「己所不欲，勿施於人」這是正義的定義；

「己所欲，施於人」這是博愛的定義。

第一段　正義

1. 正義　在羅馬法「正義」有下列的定義：(Constans et perpetua voluntas jius snum cuique tribuendi) 意思是說的堅強地，恒久地決意去尊重每人的權利。所以正義有下列特點：

a. 它是嚴格的不能躲逃的義務；

b. 在必要時，可以用武力強迫人去尊重它；

c.它是相互對當的，意思是說，它基於一種成文的或不成文的契約。契約本來是雙方面相互的信托，或按法學的定義說，契約是：「一人或數人，約定要給一人或數他人送某物品，作某事情，或不作某事情所成立的條約」。凡是契約，都是相互協定的。

2.根基和來源 正義不是基於利益的，也不是基於對人的認識或情感上。它是基於人人在道德方面都是平等的那種信仰。人間有天然的不平等，也許不能沒有這些不平等。所以平等不是自然的事實，而是能享受的權利。它是倫理的觀念；表示一切人，就人格而言，是平等的，都有同等的權利去發展自己的人格。

古人的倫理觀，沒有注意到道德的人格觀念，所以也沒有認識了真正的正義。僅順從自然的社會，是以報復律：「一眼還一眼，一牙還一牙」爲標準。柏拉圖和亞利斯多德都以爲奴隸制度是極合理的。基多所創立的公教，才指示了人間的真正平等：人都是兄弟，都是由同一天主所造的，由同一基多所救贖的，都有同樣的應該完成的救靈工作，因此都也有同樣的權利去完成這工作。

近代社會的進步，完全是由於這樣逐漸的實現，正義觀念的發展，也是隨着它所保障的各種權利的發展而進行的。這樣奴隸制度取消了，人們都承認了財產對於社會有義務，也承認了手工勞動的價值和貧民的權利等。多個從前屬於博愛範圍的義務，現在已經劃入正義的範圍了。

第二段　博愛

社會的進步是否像社會主義者所主張的，在於將來有一天，正義要完全代替博愛。那時候，我們現在因着博愛的原故所作的一切，都要成嚴格正義的義務。

1. 博愛是正義的主質　在法學有一句成語說："Summum jus-summa injuria"，意思是說：「極端的正義能成爲極端的不正義」，比如一個包工者和他的一個工匠，一齊從房上跌下來摔死了；按嚴格的正義說，包工者的寡婦應該給工匠的寡婦一筆養老金，即便她們倆都是同樣貧窮的。

氣們趁着工人失業的時候，用最低的工資契約來束縛他，雖然也許不犯法，可是違犯了博愛，所以也違犯了正義。

2. 博愛是正義的背面

a. 在社會競爭中，時常發生的種種磨擦，使人受到極大的痛苦，非借博愛的協助不能減除。任何社會，是不能缺乏寬厚，仁慈，哀矜，這些都是博愛精神的表現。

b. 博愛是不求報酬的，就是說，博愛者要情願犧牲以援助窮人。耶穌曾講過在十一點鐘所雇的工人的比喻：葡萄園主給傍晚進園工作的工人和清早進園工作的工人，一樣多的工資，因爲前者以先找不到工作，但他們的需要，跟後者的需要，是相同的。

嚴格的正義，要以工作的效率爲工資的標準；真正的正義，也就是博愛，是依下面的兩個條件來規定工資：

一是工人的意趣（傍晚來的工人，確有好的意趣，不過他們先前找不到工作）；一是工人生活的需要（生活費隨時隨地不同，但常應該這樣規定工資，好叫工人能維持自己和家庭的生活）。

靠着博愛人才能夠拿「施與的正義」（justice distributive）來代替「交易的公義」（justice commutative）。爲達到這目的，不以用暴力，仇恨，和階級的鬥爭，靠着博愛，就足以成功。倫理的博愛不是道德生活的附屬品，而是真正的責任。博愛是基本的道德，是道德生活和社會生活的基礎。世間若沒有博愛，我們不過就是聖保祿所說的「發響的鐃鈸」而已。社會的進步，就在於社會分子能一天比一天更深切地認識應盡的博愛義務。

第三節　人權民主制度和社會問題

我們要怎樣實行博愛命令：「你們要彼此相愛」；實行全美的正義呢？我們要

怎樣辦，好叫每人都能享受權利呢？這就是社會問題。

人權能概括地分爲下列數種：

天然的權利：如生命權，它在個人方面包含自衛權，在社會方面包含刑罰權；此外還有得到維持生活的資源權，和訂立契約權等。

人民的權利：保身權；住居自由權；結婚權；財產支配權；訴訟權等。

政治的權利：是公民能享受的參政權。其中包括投票權，監督稅務權，充任官吏權等。這些權利是遵照憲法和選舉法所規定的。

經濟的權利：如工作權，得到相當的工資權，享用工作的代價權，和參加工作團體權等。

精神的權利：含有思想的自由；宗教信仰的自由；享受教育和施行教育的自由。關於教育方面，應該使代表兒童的父母和家庭的權利，符合於保障民族福利的政府管理權。教育專制，是反對父母權利，是極不合理的制度。

尊重人類精神的權利，叫作「通融」。通融雖然在實際上不是常有的，但在法律上，現今已經確定了。政府應該實行完美的「道融」，對於內心的事，不許用刑法的制裁和不合理的干涉。政府還應該強迫人民一律實行「通融」，尊重別人的信仰和意見。但是通融應該出以博愛的精神，不可出以不分皂白的精神。個人因着「通融」的原故，不可對任何真理發生懷疑；政府因着「通融」的原故，不可對大衆的道德表示藐視不理。

以上所述的一切權利，只能在社會，並因社會得到保存。所以我們要駁斥個人正義的權利說。這種主義，在政治方面，要主張無政府，各各人皆自視爲「超人」（尼采 Nietzche 的稱謂）。在法律方面，主張金錢是萬能的，私有權不受任何的限制。在經濟方面，主張資本主義，它將工作僅視爲生產的工具，將工人視爲奴隸。在倫理方面，否認弱者權利的存在：在個人主義者心目中，只有強有力者能享受自由。

法國在十八世紀的大革命，將人權和民權都規定了，但盧騷的個人主義的色彩，未免過濃。至十九世紀，人努力推行社會的權利，糾正大革命的缺欠，特別是從一八四八年起，人民和社會權漸漸地充實起來。在中國史上，也有同樣的革命，就是孫總理見到了滿清政府的敗壞，和帝王的專權，便努力倡導革命，推翻滿清，成立民主國。當時總理雖多次失敗，到處受人排斥，但他意志堅決，貫徹始終，於是才有武昌起義，全國響應，成立了中華民主國，至是以後，人民才有了相當的自由和權利。

所以我們對於民權和社會權要一一討論。

第一段　公民的道德，國家與民主政治

1. 國家的定義　國家是個無名的政治的和法治的主體，它握有民族的主權，並行使它的職權，以維持公共的秩序，保全各個人民的權利，以鞏固民族的生存。

國家的職權限定公民的義務，而公民的權利，又限定國家的職權。國家的職權

和義務可以論列如下：

一，國家有制定法律，組織政府的權柄。公民應服從這法律。羅馬人有這樣的成句：Dura lex, sed lex。「法律是難守的，而還是法律」，意思是說：還是應該服從的。但是法律應該以人民的志願爲標準，由民衆投票來表決；法律又應該是正義的。國家的權威，要以道德的權威爲基礎，不要用暴力實現毀滅公民權的法律。

二，國家有處罰罪犯的權柄。這是國家的合法的保衛權，但在行使這職權時，它應該努力保存正義，遵重人格道德的權利。

三，國家有管理教育的權柄。倘若獨立的社會團體，不足以實行完美的教育，國家也能成就這種教育。

四，國家有公共救濟的義務。從事慈善事業，現今成了國家的義務。但國家或地方行政機關，不能主張自己要獨家的實行慈善事業。更好要由國庫協助慈善家和慈善團體所從事的事業。這樣慈善寧屬於博愛道德的範圍，不屬於正義的範圍。公務能實行正義，而絕不能實行真正的博愛道德。

在教育和一切慈善範圍內，太過的國家主義（以霍布斯爲代表人物），和太過的個人主義（以盧騷爲代表人物）都不適宜。在國家權威和個人自由之間，應有圓滑的調協，支配雙方的道德常要屬於最高的地位。

2. 政體的形式直到最近爲止，共分三種：君主，貴族，民主。現在又有新的形式上了政治的舞台，就是所稱的法西斯獨裁政體。在這四種政體中，最能保障民族生命和個人權利的，似乎是民主政體，但是所謂民主政體，在實行職權方面，寧是民治精神的表現，而不必拘於外面的形式。

一、民主政治不一定要有民國的外形。目前民主政治最優美的模範，似乎是君主的英國。君主政體和民主政體一樣，都是實施民主政治；但一般說來，民主政體似乎更能保障民主制度，祇要有強固的行政權和獨立的司法權就行。

到底什麼是民主呢？民主是以民治民的制度。公民都負有最高的政權，但是，把政權委託給少數代表人，這就是代議制度，英國從一二一五年起，就實行了這種制度，並成立了參衆兩議院。在瑞士等民主國家中，又在代議制度外，付以複決制度，藉以阻止議員的把持壟斷。並且在選舉議員時，還要用比例代表制度，免得強數對弱數作不合理的壓迫。由孟德斯鳩Montesquieu所提倡的，特別在美國美滿實行的，立法，司法，行政，三項職權的分立制和地方政權分離制都是穩定代議制度，不叫它變爲寡頭政治的。

二、民主制度的來源和進化。人類的進化，是向着民主制度的路線邁進。民主制度的來源，照史學家福斯代爾(Fustel de coulanges)的證明，要到公教中去尋求：公教曾給民主制度，建立了真正的基礎，即是：一切人都有平等的權利，從此產出自由和博愛的原則。是在公教社會中，早已開始實行民主制度。公教的原則和法學的原則，是能符合的：“Potestas a Deo per populum” 權柄以天主爲來源，以人民爲主治者。“Vox populi, vox Dei” 民意是天意的反應，「天視自我民視，天聽自我民聽」。在民主制度，公民用投票表決，不過是將由天來的權利，託付給代表人，反之在變形的民主政治(démagogie)，公民自以為就是權力的根原和主宰。

政治上的民主制度，是在克倫威爾領導之下的英國清教徒中產生的。美國在一七八三年的革命以後，第一次把它實行了。在一七八九年法國發表了人權和民權的宣言，才確立了適於一切人民的法治。

三，民主制度的總綱：自由，平等，博愛。

a.自由受社會的限制，個人絕對的自由，就成了放縱。所以，需要用權威來保障大衆的自由。一方面，要有強有力的政府(具有立法權，司法權，行政權)；另一方面要有代表個人權利的自治團體(如宗教團體，職業團體，和各種立案的團體)。沒有有力的政府，就成為無政府的混亂狀態，便將陷於暴虐狀態。

d.平等不是把一切人都放在同一水平線上的意思，因為人間本有天然的而又是必需的不平等存在；但，人人都要有同等的機會和同等的權利，以得到最高的政權，而進取的程度，當然要按照每個人的能力，分出高下；這種權利，雖然由代表獲得了，但還要受衆人的監督。

c. 博愛是一切一切的基礎。

第二段　社會道德

1. 社會權是專爲保障工人的權利，容許他們用種種方法，以追回這種權利。如：藉職業聯合會，在需要時，也能藉罷工作爲請求權利的手段，職業聯合會的目的和效能，是用集團的契約，來代替個人的契約，因爲個人的契約，往往是變相的取巧手段，集團的契約，則能使勞資雙方，站在平等的地位上，訂立合理的契約，以得到維持生活所必需的工資。

2. 社會權在規定工人的義務時，同時也劃清了資方的義務和私人財產的義務，它給人講明，資本和財產，只有用在有利於社會的用途上，才算合法。任何祖傳無論關於人或物的，都不是私人所有的絕對的權利，僅是經過社會而來的一種代理權或委任權。

3. 人權是社會權的根基。社會問題，不僅是飯盌問題，特別是道德問題。人的工作不同機械的工作，這裡還要顧到工人的人格，整個的政治的經濟，側重於由決定貿易來決定物價，但是貿易的機構，要尊重生產者和消費者雙方的需要和權利。社會的進步，就在漸漸將道德的理想，實際輸入勞資的關係上；輸入於經濟的制度上，即關於財物的生產，分配和消費的一切制度上。分配的原則，應該是公平的，但爲保持真的公平，是應該讓人任意去作呢？還是應該由社會權把社會和經濟的生活，規定出來呢？社會主義者所主張的，是後一種方法。

社會主義，有兩種來源，一是自從十八世紀末葉，在英國開始了大工業以後，世界所發生的經濟革命；一是關於人格的道德觀念的散佈。理論的社會主義，有下列幾種：

一，公教社會主義(Ozanam, Ketteler, Manning)；

二，一八四八年的神秘的和樂觀的社會主義（福利埃，P. Leroux.）；

三，具有革命形式的歷史的唯物主義（馬克斯）；

四，改造派的社會主義（俄國的共產主義，是它的產兒）。

實踐的社會主義共有兩種：

1. 國家社會主義亦稱集產主義（這不是共產主義），是由國家來分配一切生產方法，如：鐵路，工廠等，國家管理一切工作，分配一切產物。德國的國社黨多少的有這種色彩。

2. 工團的社會主義或合作的社會主義。國家要是無力的而擁有許多強固的集團，它不取消私產而用社團或合作制度來支配個人（英國的貿易聯社，法國的，工會主義Syndicalisme等）。

據實說來，應該用第二種社會主義去糾正而且補充第一種社會主義，國家的干涉，為了實現正義，固然是必需的，所以應有強有力的政府，以強迫人民去尋求他們的真正利益。有時還應該拂逆他們的意思，或犧牲他們的一部份權利。可是太過國家主義，不僅要取消個人的進取心，並且要減弱經濟的和社會的動力。所以除了擁護國家以外，又當維持個人，家庭，和自治團體的權利，同時在樹立社會權時，要使國家的力量，能爲正義服務。

經濟和社會問題，根本是道德問題，因爲：管理世界的，不是口腹，而是正義。我們應該接受工人所請求的權利，但又顧到下列兩點：

一，這些請求只能逐漸實現；

二，有絕對不能讓步的兩項：一是家庭，一是國家，因爲家庭是社會的不能動搖的基礎，而國家在人類個人的良心上，是唯一應有的形式。

關於財產私有權和勞工的附言

第一段　財產私有權的演變

人類原始的財產是牲畜。西文"Recunia, capital". 這些表示錢的名詞都是由表示牲畜的字而來的(中國的財帛，表示絲綢一類等貴重的布疋)，以後遊牧的生活結束了，人有了固定的居處，便成了地產。地產起初是公有的，就是，某個部落或一個團體共同領有一大塊土地，再往後，又各人領有一塊土地了。到十四世紀時，在荷蘭和英國開始了羊毛工業；及至十六世紀，西班牙人發現了美洲以後，發生了雙重的經濟革命：一，貿易突然增多；二，黃金充斥市場，它就成爲貨幣的本位。(對於貨幣在貿易的關係，可以參考 Cournot, Enchainement des idées Fondamentales IV. 13.)

現代大規模的工業和金融企業，造成資本的巨大勢力，並產出了廣大的私人的動產(如美國的託辣斯，日本的三菱三井等株式會社)。

第二段　財產私有權的基礎

由於經濟的進化和資本集中的濫用，於是引起人進而考察財產私有權的基礎和界限。

1. 根據個人主義的學說，私有權是基於土地的佔領和遺傳的領有，並不問是否曾用以作勞力的代價。這權利，除公用徵收等外，是神聖不可侵犯的。佔有財產的人，有絕對的消耗權。

2.和這種嚴格法學的觀點對峙的，有經濟的觀點，它以爲私有權是爲了服務社會而成立的。主權人對於財產，沒有絕對的主權，所以他應該利用它謀求大衆的福利；對於工人，也沒有絕對的主權，他不能把他們淪爲奴隸。物產的價值，全是從勞力來的，所以財產不能和勞力分開，社會主義論者更進一步。蒲魯東(Proudhon)說：「不由勞動而得財產，便是盜竊」。依照共產學說的主張，一切產物和它們的分配，都由公衆來處理。依照集產說的主張，生產的機關，應該社會化。例如在擁有多個財富的英國，徹底的社會主義者，要求將土地社會化。

結論　到了今日，財產私有權，顯然是事實上的需要。小地產或中等地產，是有利益的。爲了創辦企業和預防危險，資本是不可缺少的。財產的私有制度，能助長人的競爭進取心。直系血統的財產繼承權，爲了維持家庭的組織，是當保存的。

但私有權也不是絕對的權利：對社會有相當的義務。

家　　庭

在文明國和公教國中，由結婚所成立的夫妻團體，是家庭的唯一形式：這家庭是組成整個社會的細胞。

但學者根據歷史和原始社會機構的研究，分出兩種家庭制度：一是男女結合的小家庭制度，一是多個人團聚在「一處」的大家庭制度。

I. 大家庭制度，關於它的起源有兩個學說：

一、先祖的學說（古經，亞里斯多德，羅馬法，和現代的孔德，威斯特瑪克 Westmark 等）。大家庭制度，是從小家庭制度來的，小家庭制度，似乎是任何家庭制度的最初的形式。

二、進化論的學說（若伯森、斯蜜斯 Robertson Smith，法國的社會學派等）。家庭不是基於血統的，卻是基於氏族或者社會的威族。氏族有其宗教的和經濟的基礎；它是由多個具有同一敬禮的人集合而成的（他們所敬禮的對象叫作圖騰，就是，狼，狐狸或魚等，這些東西，在他們心目中，都是塔布，意思是神聖的）。從民族中產生了父系的家庭；後來再變爲母系的家庭。

三、從歷史上可以說古時的家庭制度，只有大家庭；是因爲在人類進展過程中，社會是先於個人出現的。在希臘羅馬的制度中，家庭是同一祖宗的後代跟他們的奴僕的總和；家長在他們身上有絕對的主權。中國的大家庭制度，也是這樣的。小家庭，就是一男一女所組成的天然的團體，與這種大家庭是不相同的。所以我們要提一提，它有什麼來源。

2. 小家庭制度

有些進化論者設想小家庭制度是後起的。在原始有了普遍男女的雜居；但對於他們所設想的這種雜居，在全人類的社會中，連在最初的社會中，絕沒有找出了例子。據最近克樂利（Crawly）等考核的結論，已證明應該將原始的人和退化的野蠻人，分別出來，原始人和禽獸相去甚遠，他們在道德和宗教上有了極高的思想。

所以小家庭實在是原始的；但它有了不同的形式。

一、在氏族中異族通婚 exogamie dans le clan，在部落中同族通婚 endogamie dans la tribu，一氏族內的男子，不許和同一氏族內的女子結婚，但一氏族內的任何男子可和另一氏族內的任何女子配合，這兩個氏族就組成一個部落。在這情形中，親屬關係是因女子而成立的（母權率 Matriarcat）。

二、多妻制

三、一夫一妻制　這是現在一切文明社會的形式。

嚴格的一夫一妻制，是基多所恢復的，公教對於社會的最大改革，就在把女子提高到她的真正的地位上。基多的降臨，就是爲了建設高尚道德的，以人格爲標準的社會，不分性別和階級；那末他對於大家庭制度和城邦制度的專制，一概要加以限制了。

基多所立的家庭制度，是由於男女雙方自由的同意。他宣稱婚姻是神聖而不能離散的。是以產生和教養子女爲目的的一男一女自然的結合。在公教內婚姻還是一件聖事。耶穌說：「人將離開父母與妻子結合；天主所結合的，人不能分離，誰遺棄他的妻子，而另娶一個，就是犯姦淫」。（瑪爾谷第十章）。

3.結婚和不能離散的一夫一妻制的倫理的價值

家庭的起源無論怎樣，爲了辨別各家庭制度的優劣，應該拿價值的判斷爲根據。這裡我們便確認婚姻有倫理的價值。由雙方自由的選擇而結成的一夫一妻制，比多妻多夫制高尚得多。一夫一妻的家庭合乎人類的自然權，只有它適合人類理想的規律。

多妻制不是合乎自然的，它消耗男人的精力。多妻制又把女子的地位降低。

現在有人倡導的「自由結合」和離婚，根據同樣的理由，應該一律推翻。自由結合和離婚，對於個人道德和社會的團體，都有極大的損害，都是輕視人格的地位，和女子與男子的平等地位。離婚又直接相反婚姻的目的即教養子女。在父母離婚以後，子女將被遺棄而孤立無靠。所以婚姻和別的契約不同；這裏締約者不能解約；因爲有第三者，就是子女權利的存在。就是異乎常情而沒有子女的話，離婚還是相反家庭的組織；因爲不許在異常的事實上建立任何秩序，不然的話，就是拿擾亂來代替秩序。

我們這種結論，有事實作證明。統計學和歷史學告訴我們，社會的存在和家庭的存在是息息相連的，人口減少和離婚的盛行，是社會衰退的主因。從統計學上，我們也看到，一夫一妻制的社會，有極大的利益。結婚的人，另外有子女的人，比獨身的人犯罪的行爲少得多。這種事實證明培養家庭，連爲個人也是極有道德利益的義務，它增加人的責任心。凡是傷害家庭的組織，都足以釀成個人和社會的墮落。離婚盛行使人比獸類更卑下，致使種族和社會的衰頹不能補救（這是古羅馬衰敗原因之一）。法國從一八八四年准許離婚後，人口立見減少，宗教信仰和道德的力量，都退步了。所以公教雖然有時許可分居或分產，而絕對地禁止離婚；這是對社會對國家有莫大利益的。許多政治家和哲學家（羅斯福，孔德，杜爾克亨），都抱同樣的主張，以挽救社會的大災禍。人不能與水火相揖讓，門或開或關，在人慾橫流的時代，將離婚的門半開半關，就有大潮湧進的危險。所以不願滅亡的國家，應該絕對禁止離婚：「因為離婚的可能，與家庭的持久，是不相容的；因為犧牲個體去傳生種類，是合自然律的，在人類社會中，這自然律使人犧牲一己的自由，去組織家庭，成立家庭，因此所成立的家庭，是絕不許離散的。

4. 結論

只有尊重和維持家庭的學說，才是好的社會的學說。因為家庭是社會的基礎。這樣的學說，應該尊重和維持家庭一切的特徵，維持家庭所需要的道德的，社會的，經濟的一切條件，好能夠常久地保持：如婚姻的不能解散，男女人格的平等；男女各自的職司，男為公務，女子家務；直接的承繼，家庭財產的確立；人口多的家庭的優待；教育的發展，宗教信仰的尊重等。

社會的真正細胞不是個人而是家庭，祇有家庭行使兒童的教育；將來的國民是在母親膝下造就的。家庭是一切社會道德的學校：一，因爲它教給人怎樣地出令和怎樣地服從；二，因爲它發展人的責任心；三，因爲它教給人盡忠，犧牲和博愛。

國　家

社會的統一，不僅在乎政府或兵力上的統一，却在乎有「萬衆一心」的基礎；就是共同生活利益的合作，和從共同生活所產生的情感。這共同生活似乎是家庭的延長。它的最高的形式是國家。國家真是個倫理的法人。萊康Rekan說：「國家似乎是全民族的心靈」。

國家的基礎是什麼？它含有什麼要素？

一，領土　例如中，英，法，日的土地，都是天然的地理的單位，因爲它們的由來已經十分久遠了。可是領土的界限，不常是自然確定的，它和現有的國家不常是相符合的。

二，種族　國家的習性是從種族構成的，但有些國家（如美國）能有多個種族。

三，語言　在智識的往來和經濟的交易中，同一語言的功用最為需要。但為組成國家，統一的國語，也不是絕對需要的（如瑞士有三個國語）。

四，歷史　構成國家的最有力的鏈子，是由歷史所加強的神秘的鏈子。從祖宗以來，世世代代的人，生於斯，食於斯，葬於斯的故土，是最能維繫人心的。這種情感，由於感覺公共的命運，由於分受同樣的苦樂，由於實現同一的理想，而常久奮鬥的原故，更能顯得活潑有力。如中古時的西班牙，因興起十字軍攻打摩耳人的戰役而使國家團結了；英國人民，因常久力求自由的爭鬥，造成了英國，英大帝國，這國家是新代的形式。

所以愛國心是基於公共的意志之上的。在每一國內，似乎有一個「國靈」。國族原則，現今在國際間，具有主要的關係，無論是在勝利的，或者是失敗的國內，都是一樣。

真正的愛國主義，不是國際的愛國主義，愛國主義者，很能夠同時愛全人類，痛恨任何不正義的戰爭，求國際法權的充實，和本國與鄰邦的友誼親善。國際的和平，是全人類最可貴的珍寶。但是真正的和平，要基於正義。正義比和平更爲寶貴，所以能有正義的戰爭，就是補救和防備任何不義的侵略；他們以力爲權利服務。

愛國又是愛全人類最優良的方法，我們中國，具有久遠的歷史，偉大的文化，各種的優長和無限的前途，我們就要全心去愛國，不惜犧牲自己以求得祖國的復興，同胞道德的修養，利益的普及和大衆幸福的增進。所謂犧牲自己，要犧牲到極端，不惜捨了性命，才是忠勇的愛國之愛。